新装版

続無肥料栽培を実現する本

ビギナーからプロまで
食の安全を願う
全ての人々へ

岡本　よりたか

笑がお書房

はじめに

今から2年前、僕は『無肥料栽培を実現する本』を出版しました。この本を出そうと決めたのは、食を生み出そうとする行為が、むしろ環境を壊しているということに気づき、できるだけ環境に負荷をかけない無肥料無農薬栽培が広がって欲しいと考えたからです。決してきれいごとではなく、環境が壊れることで、あるいは環境を壊す食の生産の犠牲者として、自分の健康が脅かされているという実感を得たからです。

僕が農業を始めたのは、かなり歳を重ねてからです。TV関連の仕事やITの仕事を続けていく働き盛りの頃、仕事の充実とは裏腹に、僕の心はどんどん壊れていくのを感じていました。これだけ充実した生活をしているのに、何故か満たされない気持ちに支配されていく。何故か毎日が苦しく、生きていくのが辛くなっていく。仕事の達成感には満たされるものの、僕は、悩み続ける毎日を送っていました。

体調も心も壊れていくのに、自分を見つめられない日々が続き、ある日、プツリと張りつめていた糸が切れました。あれほど頑張らなきゃと思っていた仕事が、全く手につかなくなったのです。いったい自分の中に何が起きているのだろう？　何のプレッシャーが僕を押しつぶそうとしているのだろうか？　そんなことを考えているうちに、体調を壊し、寝込んでしまいました。そして療養中に、ふと、一杯の鶏がらスープのお粥が目に入りました。母親が作ってくれたお粥です。そこには、鳥の骨が浮かんでいました。

人は食べ物から作られる。食べたものが腸内で分解され、再構成されて自分の身体になる。その身体になる原材料がこのお粥であるという、当たり前のことに気づいたのです。

ITという仕事は、色々な小さなプログラムを繋ぎ合わせて一つの大きなシステムを生み出します。その一つ一つの部品が、不具合の多いポンコツの部品であれば、出来上がったシステムも欠陥だらけになります。そんなことは百も承知なのに、自分の身体に関しては、その小さな部品に対して、全く無頓着だったのです。食べものが悪ければ、自分の身体も欠陥だらけになる。もしかしたら、この食べものという部品を僕はおろそかに考えていたから、今、苦しんでいるのかもしれない、そう思ったわけです。

そして、食べるものを見直してみようと思ったのです。

その後、僕は野菜を作り始めます。ただ食べるものを選択し直すだけではなく、自分の身体を作る食べものを、自らの手で生み出そうと考えました。それが一番信頼できる食べものだからです。

当初は、そこそこ栽培はうまくいくものの、無肥料栽培という世界は、そう簡単な世界ではありませんでした。失敗することもしばしばあり、ここでも別な苦しみを味わうことになりました。普通なら、その失敗の原因が分からないまま、次の栽培に入ることが多いでしょう。しかし、IT時代の経験が役に立ちました。ITではバグが出てシステムが動かない場合、必ずその原因を徹底的に追及し、同じ失敗を繰り返さないようにします。その考え方が僕の中に確立されていたので、失敗の原因が分からないまま、次に進むことはしませんでした。

ところが、経験不足から、その原因に行き当たることがなかなかできません。どんな本を読んでも、理由を見つけることができません。そこで、先人と言われる自然農法家の元に学びに行こうと決断しました。

そこでは多くのことを学ばせていただきました。感謝しかありません。しかし、残念ながら、僕が何故失敗したかという原因に行きつくことはありませんでした。何故、行きつけなかったかというと、自然農法の教えは、「自然に従う」というのが結論だからです。確かにその通りであるし、とても素晴らしい哲学です。しかし、僕の思考回路はITで培ってきてましたから、それではどうにも納得できなかったのです。

僕は、自然農法が今一つ広がらない原因はそこにあるのではと思っています。もちろん先人の人たちは、自然農法を広めようと思ってはいないのかもしれません。分かる人たちだけの世界でも良いのかもしれません。

ですが、僕は違いました。都会で働く人たちが、自然と乖離することで、どんどん体調を壊し、心を壊していく。このままでは苦しむ人が増えるばかりです。自分がそうだったから、そのことを放っておくということができないのです。だから、できるだけ多くの人に自然農法を知ってもらいたいと思っていました。

そのためには、化学農業が歩んできたように、栽培方法を正確に伝えるという手段を確立していく必要があります。それは決してマニュアルや手順ということではありません。あくまでも自然が何をやろうとしていて、実際に自然界で何が起きているのか、その理由と手段を人の目線で理解することです。だからこそ僕は自然農法の原理原則をしっかりと確立し、誰が読んでも分かるような教え方をしていきたいと考えたわけです。そしてそれが『無肥料栽培を実現する本』になったわけです。

前回の本でも無肥料栽培を実現するための様々な理論を書きました。それは、僕が20年間無肥料栽培に取り組んできた集大成でもありますが、最初の本は、20年間の最初の10年間で知った自然の摂理です。残りの10年間では、また違った視点から、この無肥料栽培に取り組み、別の摂理も知りました。ですので、最初の本だけでは書き足りず、今回この続編を書き上げました。

本書では、その『無肥料栽培を実現する本』には記載していなかった、もっと具体的でもっと原理原則に近いことを書いてみようと思っています。そして、必ずみなさんの無肥料栽培のサポートができると信じています。畑を探す時、畑を設計するときにも使える本を目指しています。

なお、無肥料を僕はこう定義しています。「無肥料とは、お金を払わなくても、持続的に用意できる物だけで栽培する方法」。つまり、化学肥料は自分たちでは作れませんので、肥料となります。鶏も牛も豚も飼っていなければ糞は用意できませんので、鶏糞も牛糞も豚糞も肥料です。他人から貰う廃菌床などの廃棄物も肥料です。逆に言うと、草は畑や庭に生えてきますので肥料とは呼びません。枯葉は近くに山があれば用意できますので肥料とは呼びません。お米を作っていれば、米ぬかやもみ殻は用意できますので、肥料とは呼びません。鶏を飼っているならその糞を肥料とは呼びません。つまり無肥料栽培というより、循環栽培ということになります。それも、自分の暮らしの中だけでの循環栽培ということになります。その点はぜひ、理解していてください。

また、本書は『無肥料栽培を実現する本』と同時にお読みいただくことをお勧めしています。『無肥料栽培を実現する本』では、無肥料栽培に関する基礎的なことを書きましたので、本書ではある程度、基礎部分を省いて書いています。重要なところは重複して説明していますが、二冊が揃って、〝無肥料栽培を実現する本〟となりますので、前作をお求めになっていない方は、是非そちらも合わせてご購入ください。

岡本よりたか

目次

はじめに …… 2

第一章　自然界の原理原則を知る

植物は何故生長するのか …… 12
光合成

植物の身体を作るもの …… 16
炭水化物を構成する／たんぱく質を構成する／単純なアミノ酸の構造／窒素を取り込むバクテリア／ミネラル

ミネラルの循環 …… 23
ミネラルの供給源／草が育てる土壌

土壌の腐植と団粒化 …… 27
腐植化／団粒化／三相構造

植物の必須ミネラル …… 33
植物の17元素／窒素の供給／リンの供給／カリウムの供給／カルシウム・マグネシウムの供給／その他の元素の供給

土壌の酸性化 …… 41
有機酸の役割／有機酸による酸性化

pH値を整える …… 47
日本土壌は酸性化している／酸性土壌のpHを整える／アルカリ土壌のpHを整える

ミネラル豊富な土の準備 …… 53
化学肥料とは／自然の力で肥料を生み出す

第二章　植物を生長させる微生物たち

共生微生物の仕事……60
菌根菌／菌根菌をどうやって増やすか／窒素固定菌と硝化菌／窒素固定菌と硝化菌を増やすには／根粒菌／内生菌
腐生微生物の仕事……70
腐生微生物／腐生微生物をどうやって増やすか／乳酸菌
敷草による土づくり……75
雑草堆肥を作る／乳酸発酵／雑草堆肥の完成までの期間
草木灰……82
草木灰の成分／草木灰の作り方／草木灰の使い方
ボカシ液肥……87
ボカシ液肥の作り方
無肥料の定義……91
米ぬか堆肥／発酵液

第三章　土壌の成り立ちと分析

無肥料栽培が成功する畑と失敗する畑……98
自然の原理原則
土壌の歴史……102
森を開墾した畑／川の土砂が堆積した畑
土壌へのミネラルの供給……105

平野部のミネラル循環／山間の畑のミネラル循環／盆地でのミネラル循環

土壌の種類による違い …… 109

火山灰土と黒ボク土／赤黄色土・褐色森林土／岩屑土／グライ台／泥炭土／砂丘地

土壌分析と保肥力 …… 116

pH／EC／硝酸態窒素／アンモニア態窒素／有効態リン酸／カリ／石灰／苦土／CEC／腐植／固相：液相：気相

第四章 畑の探し方と畑設計から作付けまで

畑の探し方、選び方 …… 130

畑の契約／畑の選び方／判断基準／立地／草／土／周辺の理解

雑草堆肥と草木灰の使い方 …… 146

雑草堆肥の使い方／草木灰

畑の設計 …… 151

イヤシロノウチ／風を見る／水を見る／太陽を見る／硬盤層の確認

作付け計画とコンパニオンプランツ …… 164

コンパニオンプランツ／連作障害／コンパニオンプランツの実際／作付計画

緑肥栽培による土づくり …… 172

第五章　無肥料栽培を実現するために

草対策……180
草の種類による性質／草の刈り方、抜き方のポイント／残さない草／残す草／場所による草管理の違い

虫対策……192
昆虫寄生菌による忌避／虫よけネットをかけておく／虫の嫌いな匂いで対策する／虫よけスプレーの作り方

病気対策……200
雨対策をする／放線菌の力を利用する

苗づくり……203
春夏野菜の苗づくり／秋冬の苗づくり

野菜ごとの栽培方法……208
トマト／ナス／ピーマン／キュウリ／ズッキーニ／カボチャ／キャベツ／ブロッコリー／白菜／大根／ホウレンソウ／小松菜／ニンジン

第六章　自家採種について

自家採種は可能なのか……226
主要農作物種子法／種苗法

がんばる無肥料栽培の農家さんたちへ……234

第1章

自然界の
原理原則を知る

植物は何故生長するのか

前回出版した『無肥料栽培を実現する本』でも、最初に書いたのが、植物はなぜ生長するのかということです。ここで書いていることは中学生の時に学校で習ったことかもしれません。しかし、当時は植物を育てる機会が少なく、頭では理解しても、実際、植物に触れながら、そのことを実感するということは少なかったように思います。

無肥料栽培を実践していくうちに、僕は中学校の教科書を開くようになりました。ふと記憶の中に、そのときに学んだ植物の基本が浮かんできたからです。教科書には、植物がなぜ生長するかという当たり前のことが書いてありましたが、畑で作業するときには、その当たり前の原理原則のことをすっかり忘れている自分がいることに気づきました。そして、この原理原則を知らなければ、植物の栽培などできるはずもないだろうとすら思いました。そのくらい、当たり前の原理原則を忘れていたのです。

そこで、最初に、もう一度、植物はなぜ生長するのかという点について書いてみます。作物を無肥料、無農薬で栽培する場合、つまり自然の力を借りて栽培する場合は、この当たり前の原理原則を知っておく必要があります。多くの失敗は、この原理原則を知らないがために起こるものと考えても差し支えありません。そのぐらい、原理原則は大切なことです。植物は、生理的に何を行い、どのような活動をし、どのように生長しているのかということを知り、そのどれかに障害が起きて、生長を止めているのかを知るということでもあります。

全てをこの本で書くことができませんが、栽培において特に必要と思われる部分のみに絞って書いていくことにします。

光合成

まず、当たり前のことですが、植物は光合成を行います。光合成は中学校の時に習っていると思いますが、植物が元素を手に入れるための大切な生理活動です。光を触媒にして、水と空気中の二酸化炭素を化学反応させ、これによりブドウ糖を作ります。ブドウ糖は、でんぷんなどの炭水化物を作る元になり、最終的にはたんぱく質も作り上げる原材料となります。このたんぱく質の中には、植物の生長に欠かせない、成長ホルモンも含まれます。

作られたブドウ糖（グルコース）は、もちろん炭水化物を作るのに利用されるのですが、すべてが使用されるわけではなく、一部は根から放出する廃棄物となります。わざわざ作った糖を廃棄してしまうというのも変な話ですが、それには理由があります。植物は単独で生きていくことができません。植物は必ず、バクテリアなどの微生物と共に生きています。このバクテリアの餌が糖です。植物はバクテリアの力を借りるために、糖を根から廃棄しているのです。バクテリアはこの糖をもらうと、植物のためにせっせと働いてくれるわけです。

根から廃棄するのは糖だけではありません。糖と大変良く似た化学構造をしているクエン酸などの有機酸を放出します。これも、実はバクテリアに働いてもらうために放出しています。根から有機酸が放出されると、実は土壌中にあるミネラルが、吸収可能な形になります。一般的には土壌中のミネラルを溶かし出すと表現しますが、溶かし出さないと吸収できないミネラルがあるということです。

ミネラルの吸収が可能になると、バクテリア、

植物が生長する仕組み

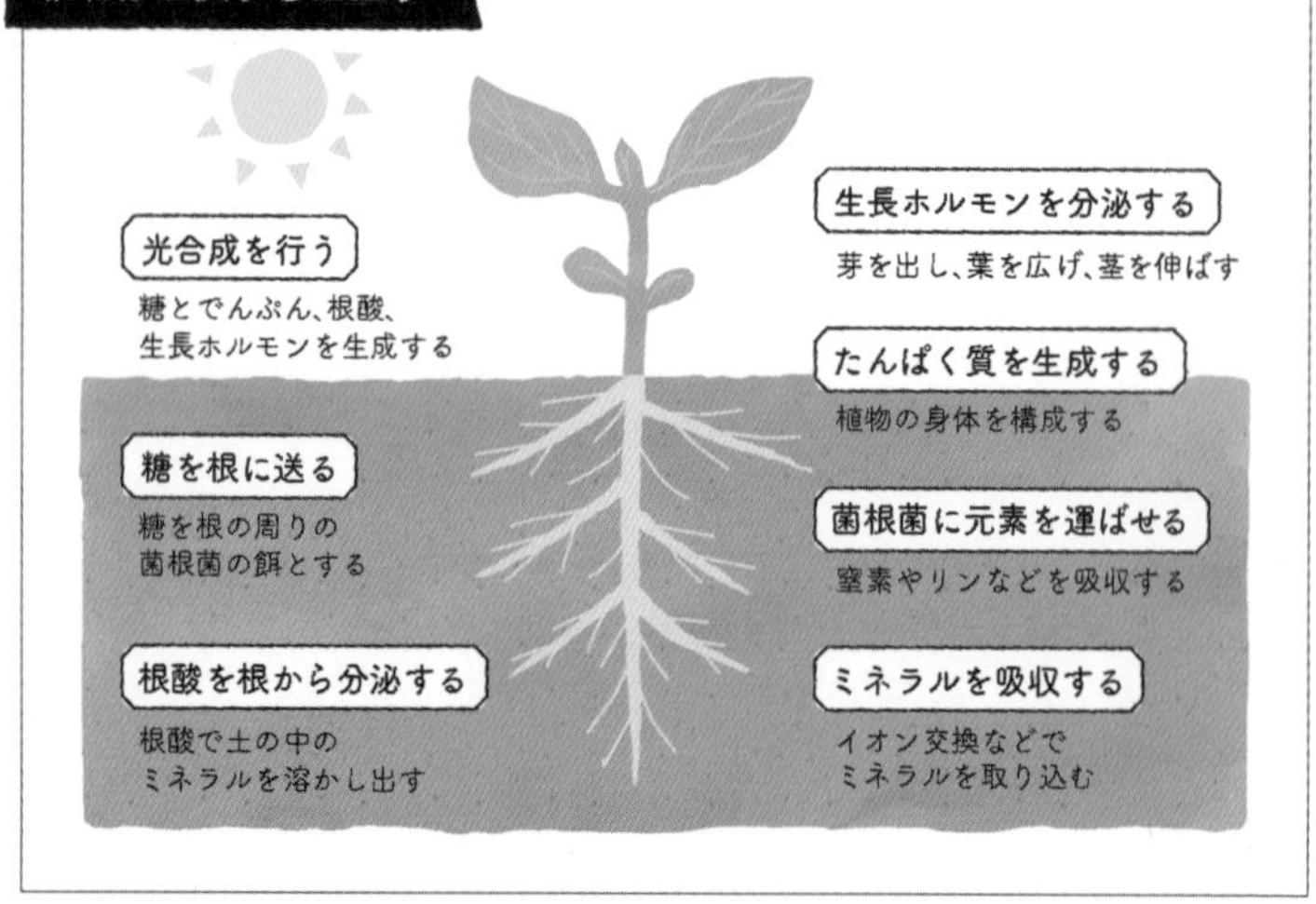

光合成を行う
糖とでんぷん、根酸、
生長ホルモンを生成する
糖を根に送る
糖を根の周りの
菌根菌の餌とする
根酸を根から分泌する
根酸で土の中の
ミネラルを溶かし出す
生長ホルモンを分泌する
芽を出し、葉を広げ、茎を伸ばす
たんぱく質を生成する
植物の身体を構成する
菌根菌に元素を運ばせる
窒素やリンなどを吸収する
ミネラルを吸収する
イオン交換などで
ミネラルを取り込む

特に根の周りにいる菌根菌というバクテリアが、せっせとリンやミネラルを運んでくれます。この菌根菌は根から廃棄される糖を餌にしながら、菌糸を伸ばし、ミネラルを根の中に送り込んでいくわけです。この働きに関しては、後程詳しく説明していきます。

先ほど、光合成により作られた糖などを原料に、たんぱく質を作ると書きました。これに関しては、もう少し複雑な動きをしています。たんぱく質を作るには窒素が必要です。窒素はというと空気中に存在するわけですが、植物はこれを直接利用することができません。そこでバクテリアの力を借りて、空気中から植物が利用できる形態の窒素に変換してもらい、それを吸収していきます。このことについても、後程詳しく書きます。

吸収した窒素と、糖などを体の中で化学反応させ、アミノ酸が生成されます。このアミノ酸が原料となって、たんぱく質が作られていきます。たんぱく質を作るには、この糖や窒素が必要ですが、その他のミネラルも使用しますので、それらも土壌から吸収し、細胞分裂を繰り返しながら、どんどん植物は生長していきます。この時に、成長ホルモンも作られますので、これらのホルモンの作用が働き、葉や茎を広げていくわけです。

とても簡単に書きましたが、大まかに言えば、植物は、そのような生理活動を行いながら生長していくわけです。これは基本中の基本ですが、農業をやっていても、この基本を知らない人が結構いるものです。肥料栽培であれば、肥料の知識の方が重要になってきますが、無肥料栽培を行うには、こうした当たり前の生理活動について知っておく必要があるわけです。
これについて、もう少し掘り下げて説明していくことにしましょう。

植物の身体を作るもの

植物の身体は何で出来ているのか。これは誰でも知っていることです。なぜなら、野菜を食べることと同じ意味だからです。簡単に言えば、炭水化物とたんぱく質と脂質、その他、ビタミンやミネラルを摂取するためでしょう。人を含め、動物は食べ物を食べないと生きてはいけません。食べものを構成するこれらの炭水化物、タンパク質、脂質、ビタミン、ミネラルを野菜や穀物からいただき、胃や腸で分解して、自分の身体づくりのために再構成していきます。

炭水化物を構成する

では、炭水化物とは何かを考えてみます。炭水化物とは糖や糖が集まったでんぷん、あるいは食物繊維のことです。特に栄養素となるのは単糖類、二糖類、多糖類でしょう。これらを総称して糖質と言いますが、糖質の多くを化学式にすると、$C_nH_{2n}O_n$となることが多いようです。これらのCと

HとOはいわゆる元素といわれるものです。この三つの元素が集まって糖質が作られていきます。もちろんそんなに単純な化学式では表せないものもたくさんありますが、基本はブドウ糖$C_6H_{12}O_6$のような単糖類と言われるものが基本となります。

　このCは炭素であり、Hは水素であり、Oは酸素ですが、植物は、この三つの元素をどこから手に入れているかというと、実はCO_2、つまり二酸化炭素、そしてH_2O、つまり水です。水と二酸化炭素を自分の体内に取り込み、それらを分解し、化学反応させながら、糖を作り上げていきます。動物は、水と二酸化炭素だけで糖を作ることができませんが、植物はこの二つの最も基本となる自然の中の物質だけで糖が作れるのです。糖を作ってしまえば、あとはそれら

植物の科学

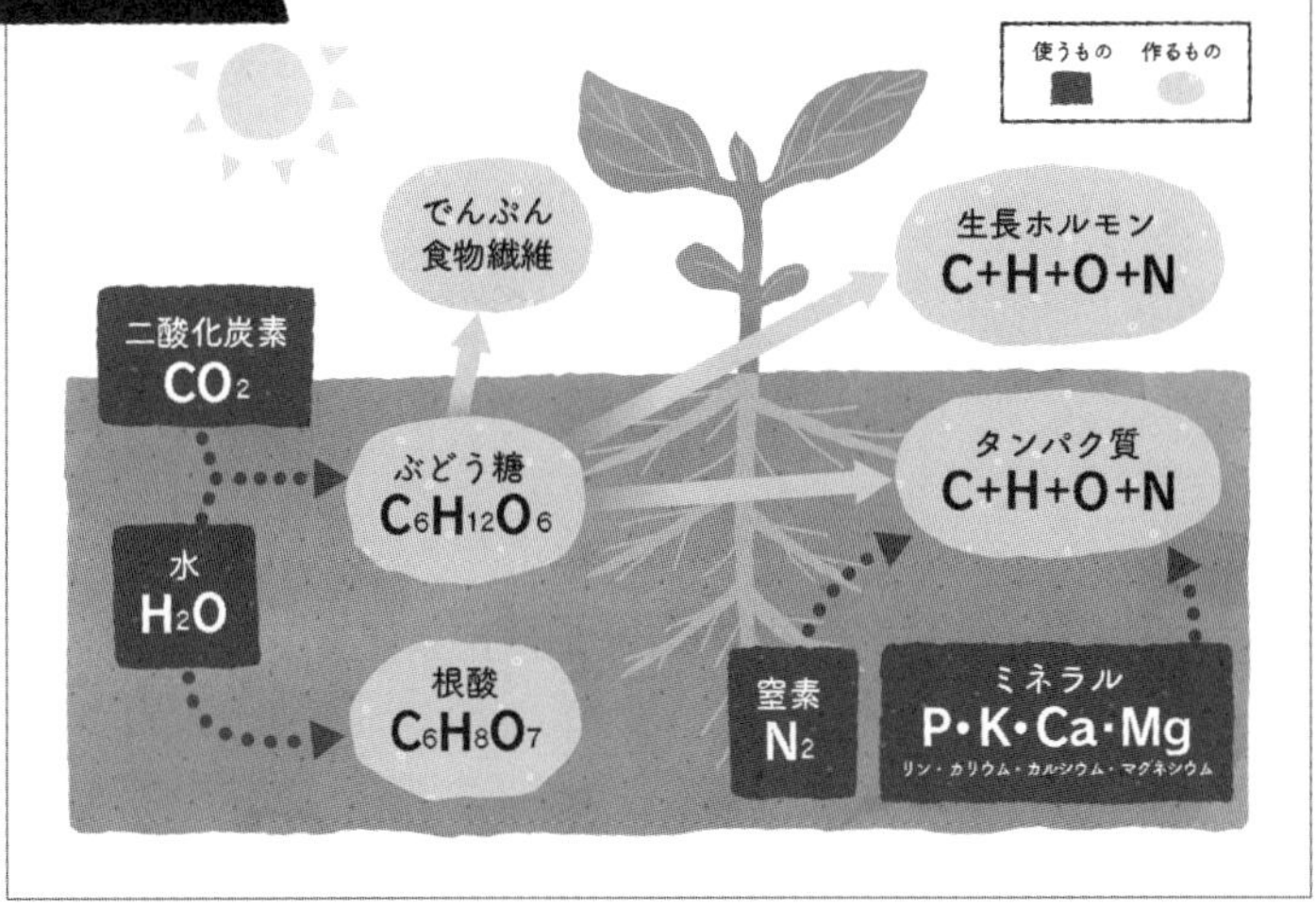

光合成反応

$$6CO_2 + 12H_2O$$

$$\downarrow$$

$$C_6H_{12}O_6 + 6O_2 + 6H_2O$$

を組み合わせてでんぷんも作れますし、先に書いたようなクエン酸のような有機酸も作れるということです。簡単に言うと、植物は水と空気があれば、ある程度のものが作れてしまうということです。これがいわゆる光合成です。

さて、光合成をすると酸素を廃棄物として放出します。これも一言では書けませんが、例えば、6のCO_2と12のH_2Oが合わされば、6つのブドウ糖$C_6H_{12}O_6$が作れます。この際、6つのH_2Oと6つのO_2が余りますので、これが水と、廃棄物となる酸素です。動物はこの酸素をいただいて生きているわけですから、植物がなければ、動物は生きてはいけないということです。

ちなみに、脂質は主に水素Hと酸素Oで作られますので、脂質も光合成で得た元素を元に構成できるということです。

たんぱく質を構成する

こうして糖ができ、炭水化物はできますが、細胞を作るにはそれだけではなく、たんぱく質も必要になってきます。たんぱく質を化学式で書くと大変複雑になりますが、たんぱく質の元になるのは主にアミノ酸です。アミノ酸のみで構成されたたんぱく質は単純たんぱく質ですが、これ以外にもアミノ酸以外のものが組み合わさって複合たんぱく質も作られます。先に単純たんぱく質について説明します。ただし、化学を勉強するのが目的ではないので、複雑な構成や分類はここでは省略し、簡略化して説明します。

単純たんぱく質はアミノ酸が多数連結して構成されますが、アミノ酸は先ほどの炭水化物よりも少し構造が複雑になります。使用する元素は、主に、炭素C、水素H、酸素Oと、ここまでは糖と同じですが、ここに窒素Nが加わります。この4つの元素が複雑に繋がって、様々なアミノ酸が構成されます。アミノ酸を化学式で書くと、Rという化学記号がつきますが、Rはアルキル基のことで、これも炭素Cと水素Hで構成されています。

単純なアミノ酸の構造

このアミノ酸からたんぱく質が構成されていきます。先ほどと違うのはN窒素です。この窒素は、二酸化炭素CO_2と水H_2Oの中には存在しません。そのため、植物は別なところから窒素Nを手に入れます。どこにあるかというと、空気中に存在しています。空気を構成するのは、酸素、二酸化炭素、窒素などです。空気中にN_2という窒素が存在しているのですから、これを利用すればよいということです。つまり空気と水だけで、たんぱく質も作れてしまうわけです。

単純なアミノ酸の構造

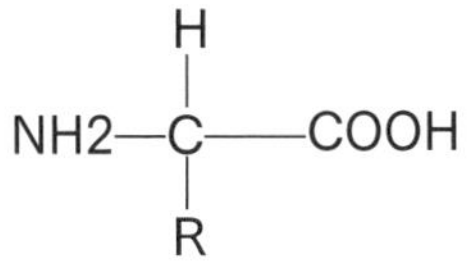

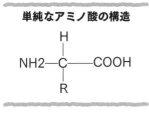

また、ビタミンは、主に炭素C、水素H、酸素Oで構成され、ビタミンBなどは窒素Nも使用して作られますので、たんぱく質を構成する元素と同じようなものと考えて良いでしょう。

窒素を取り込むバクテリア

さて、この窒素ですが、植物は、二酸化炭素は葉の裏の気孔から取り入れ、水は根から吸い上げていきますが、窒素N_2は空気中から直接取り込むことができません。どうやって取り込んでいるかと言えば、実はバクテリアが介在します。このバクテリアを窒素固定菌と言います。窒素固定菌の中に根粒菌と言われる、マメ科と共生する菌やEM菌や藍藻などの光合成細菌も含まれます。これらの菌は、空気中の窒素N_2を、アンモニア態窒素NH_4^+として土壌中に取り込んでくれます。

アンモニア態窒素として取り込まれた窒素は、さらに硝化菌という菌によって硝酸態窒素NO_3^-に変換された後、植物の体内に、根から吸収していきます。その窒素を利用して、植物は最終的にたんぱく質を作り上げていきます。もちろん、成長ホルモンもたんぱく質の一種ですから、生長を促すこともできるわけです。

窒素固定菌や硝化菌に関しては、後程詳しく書いていきますが、これで分かるように、植物は空気と水と、そして菌、つまりバクテリアの力を借りて生長しているということです。水と空気に関しては、大概の畑では存在しますが、問題はこのバクテリアの方です。これらのバクテリアは、農薬や化学肥料を土壌に与えることによって、どんどん減少していくということが分かっています。無肥料栽培においては、このバクテリアをいかに増やすかということがポイントになってくるわけです。

ミネラル

たんぱく質はこうして作ることができますが、実際のところ、植物が生理活動をするのには、もう一つ重要な役割をするものがあります。それがミネラルです。ミネラルは、植物が身体を構成していく上で、必ず必要なものです。ミネラルは栄養素を運ぶ、細胞を構成する、あるいは強める、代謝や転流、化学反応の促進などにかかわる重要な無機化合物です。これらがないと植物は正常に生長できませんし、野菜を食べる動物にとっても、ミネラルが枯渇するとビタミン生成もままならないために、栄養のない野菜、味のない野菜になってしまいます。

そこで、植物は水と空気以外からも、必要な元素を得るという生理活動を行っています。水にもミネラルが一部含まれてはいますが、多くの場合、植物は土壌中に存在するミネラルを利用します。根からミネラルを吸収し、それを、身体を作るために利用しているということです。つまり、土壌中にミネラルが存在しないといけないということですが、一般的な慣行栽培では、このミネラルを肥料として与えています。無肥料の場合は、外から与えるというよりも、自然界はどのようにこのミネラルを補充しているかを調べ、それを模倣するという栽培方法になります。

これらのことは当然と言えば当然ですが、改めて整理してみるとあることに気づきます。植物は、種を付けた後は枯れていきます。この枯れていくという生理活動は、つまり水と空気からいただいた元素を、水と空気に戻していくという作業です。植物は水分を抜き、蒸散させて行き、この時、炭水化物やたんぱく質も分解させて、ガスとして空気中に放出していきます。そして最終的にはカサカサの状態になります。

このカサカサになった残渣はどうなるかというと、朽ちて土の上に落ち、やがて分解されて土に戻っていきます。なぜそうなるかというと、この枯れて朽ちていくものが、つまりはミネラルだからです。もちろん、ミネラルだけという意味ではありませんが、発散しなかったミネラルは、枯れて土に戻るということです。なぜなら、ミネラルは土からいただいたものだからです。いただいた場所に戻すのが、枯れるという現象です。

ということは、ミネラルの供給源の一部は、枯草ということになります。特に、カリウム、カルシウム、マグネシウムというミネラルは、枯草の中に残っていて、これらが土壌に戻ることで、ミネラルが循環を始めるのです。無肥料栽培においては、この枯れた植物残渣を土に戻していくということが、ある意味大切な作業になるということです。自然界はこのようなミネラルの循環を行っているのですから、枯れたものは決して持ち出さず、その場で起きている循環を邪魔しないように、根も枯草に戻していけばよいのです。

ミネラルの循環

ミネラルは、植物が枯れた残渣が土に戻ることで循環していると書きましたが、これはある意味、小さな範囲での循環です。ミネラル自体は地球全体で循環していますので、その循環について少し説明しておきましょう。

ミネラルの供給源

まず、そもそも土壌に何故ミネラルがあるかですが、このミネラルは地球誕生の頃から存在していました。そのミネラルは鉱物として存在しており、一部はマグマとして存在していたのでしょう。このミネラルが噴火や隆起などを繰り返して、地表面に現れてきます。そして現れたミネラルを、今度は苔などが生えることで生物の体内にため込まれ始めます。今から20億年以上も前の話です。苔は短い根で鉱石や岩に張りつきながら生長し、岩の中のミネラルを徐々に溶かし出しながら体内に留めました。さらに雨が降ってくると、その雨をも体内に留め、植物が芽吹く環境を作り上げてきました。

苔の世界から、植物の世界に、数億年という歳月をかけて変わっていきます。元々鉱物や岩石の中にあったミネラルは、山の樹木にため込まれると同時に、雨による岩石の浸食によって流れだし、表流水いわゆる川、そして地下水、あるいは伏流水として山から平野部に流れ、やがて海へと流れ込みます。このミネラルが平野部を通っている時に、植物は根を張ることで体内に吸収していきます。吸収しなければ海に流れていってしまうからです。

体内にミネラルをため込んだ植物は、やがて自らが枯れることで土壌に戻していきます。この戻っていったミネラルは地下水で流れずに、土壌中の粘土などに張りつき、次の世代の植物が生長するためのミネラルとして使われること

ミネラルは山から畑へと流れる

になります。

植物がため込まなかったミネラルはというと、やがて海へと流れだします。そして海を対流しながら、海辺の植物や動物を育て、そして、最終的には海の底に沈んで行きます。海底に沈んだミネラルは、やがて海の隆起や噴火によって地上部に表れ、山となり、そして同じように山から平野部、海へと流れだします。このサイクルは数千年かもしれませんし、数億年かもしれません。その位、長いスパンでミネラルは循環しているということです。

このことから、平野部において、植物が存在しなければ、土壌からミネラルが枯渇していくということが分かると思います。だからこそ、土壌を痩せさせないためには、植物を生やす、つまり草を生やさなくてはなりません。草を生やせば草がミネラルをキャッチし、そのミネラルはやがて土壌に戻って、土壌を肥えさせてくれます。しかも、草が生えることで紫外線もカットされ、保水もできるために、バクテリアやミミズなどの土壌動物も棲みやすくなり、枯れて朽ちた草を土壌に戻してくれる仲間たちも増えていくということです。

草が育てる土壌

草が栄養を奪ってしまうという表現をする方がいます。これはある意味正しい意見です。草は土壌からミネラルを吸収して育ちますので、野菜と一緒に草が育てば、ミネラルはたくさんの草によって横取りされていくことでしょう。しかし、草はそれ以上のメリットもあるのです。草を上手に利用すれば、土壌中にミネラルを増やすことができます。たくさんの根があることで、それだけたくさんのミネラルを吸収できるということであり、海へと流れていってしまうミネラルを食い止めることができるということです。

人がお金を出して購入したミネラルを畑に撒けば、それを草が取ってしまうという理屈になりますが、植物にミネラルをキャッチさせるという考え方をすれば、取られるのではなく、与えてくれるという発想に変わります。しかも、先に書いたようにバクテリアも増えます。なぜなら、バクテリアの餌となる糖が多くの根から放出されますし、有機酸も放出されますし、保水もされるうえに、枯れた根や草もバクテリアや土壌動物の餌となります。これらは分解されてミネラルを土壌に残してくれるのですから、むしろ草があった方が、土が肥えてくるということです。

草によっては、作物の生長を阻害するものも存在しますので、すべて草を残すという意味ではなく、かつ残しても良い草であっても、あまり大きくなるまで放っておくことは、野菜の生長に良くありませんが、草の性質を見極めて、正しく草管理を行えば土壌は草によって肥えさせることが可能なのです。

土壌の腐植と団粒化

微生物たちは生物ですから、微生物が生きて行くためには、土壌中に適度な空気、適度な水、適度なミネラルが必要です。この適度なという部分が大変難しく、この適度な土壌を作ることが、いわゆる土作りとも言えます。

適度な状態となっている土壌を、我々は団粒化した土と呼んでいます。逆の言い方をすれば、土が団粒化すると、適度な水と空気とミネラルが含まれるようになるとも言えます。

この団粒化という状態を作り出すためには、まず団粒化とは何か、もっと言えば、土はどのような構造になっているかを知る必要があります。つまり、自然界の土壌の原理原則を知るという事です。

腐植化

土壌は地球の一部である事は間違いありませんが、今、我々が踏みしめている土壌は、多くは有機物が分解した残骸が堆積したものとも言えます。この場合の有機物とは主に植物であり、あるいは虫や微生物であり、ともすれば動物かもしれません。そうした生物が分解されて土壌を作り上げています。

　元々、土壌は岩や冷えて固まったマグマなどが岩となり、それが雨などで侵食されて砂粒となった状態から始まっています。最初は岩に苔が生えてきて、苔が岩を分解し、岩の中のミネラルを溶かし出したのでしょう。その岩に植物が育ち、さらに岩を砕き、または雨の浸食によって砕かれ、そこに生えた植物と共に微生物や土壌動物が命を芽吹いてきたわけです。これらの生物は死滅したあと、あるいは枯れて朽ちたあと、土壌動物や微生物の力で分解されて、やがて砂粒と混ざります。

　植物の細胞には、細胞壁があります。動物にはありませんが、この植物にしかない細胞壁と

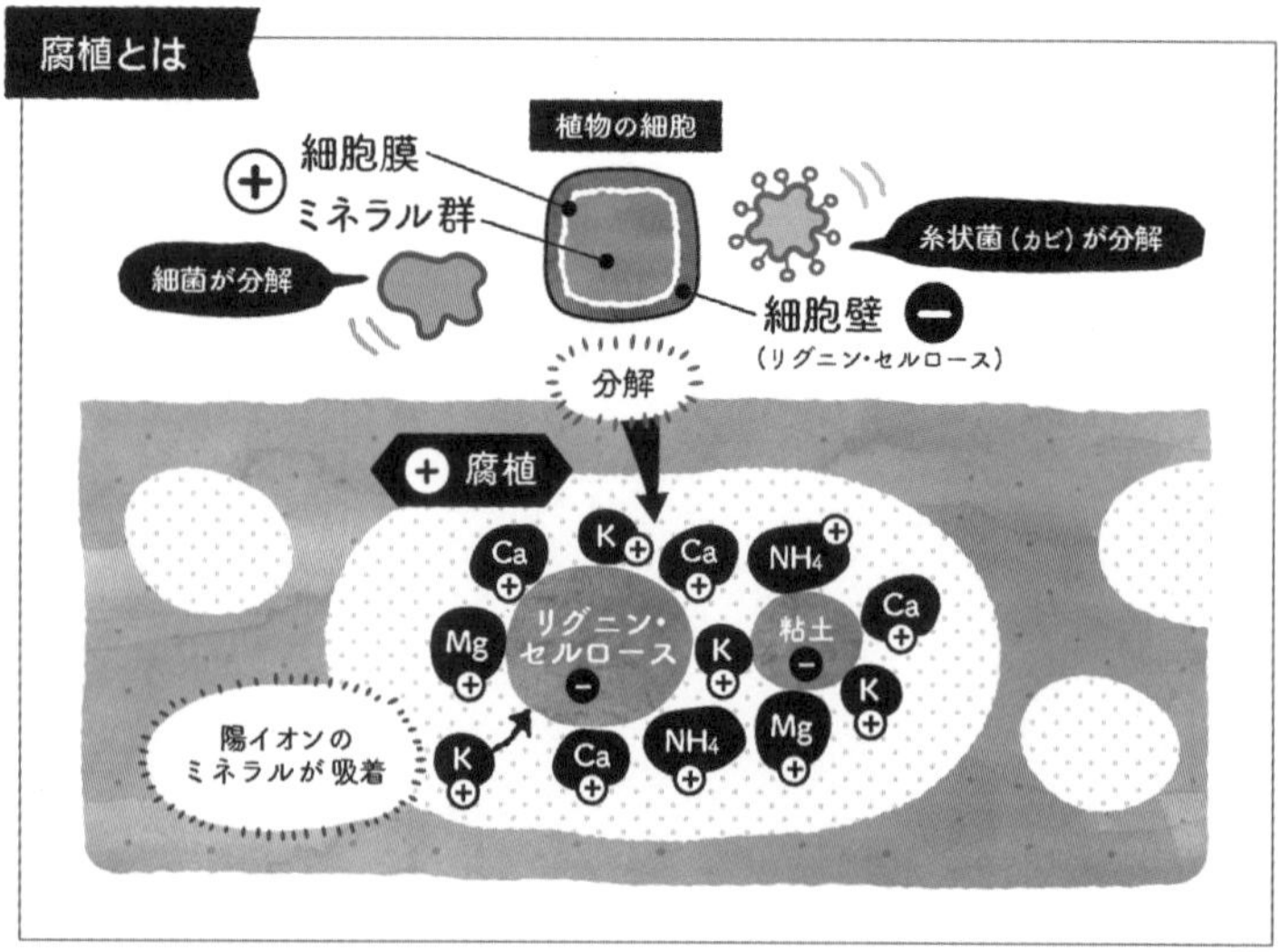

いうものは、いわゆる防護壁でもあります。植物は自らの身体を守る術として、細胞を細胞壁で包むという方法に辿り着きました。これにより病原菌の侵入などを防いだり、植物の形をしっかりと保ったりするようになったわけです。

この細胞壁はその字のごとく壁です。ビルを建てる時は、鉄筋を組み、コンクリートを流し込んで壁を作ります。昔の家なら、竹を組んで発酵した土を流し込んでいました。これが壁となって家を、そして住人を守ります。実は植物の細胞壁も同じです。細胞壁はセルロースという鉄筋とリグニンというコンクリートで壁を作っています。植物が枯れて土壌で分解していく時に、この壁はとても硬いものですから、簡単には分解できず、通常は糸状菌、つまりカビが生えてきます。カビは大きな微生物ですので、細胞壁もやがては分解してしまいます。細胞壁が分解すれば、あとはバクテリアが細胞を分解していきます。

細胞壁のリグニンとかセルロースはとても硬い物質なので、土壌中に残りがちになり、一つの塊となっていきます。この硬い細胞壁の残骸は、土壌中の粘土と同じような役割を果たすようになります。

先に粘土の話をすると、粘土は実は砂粒がマイナスに帯電した物質です。このマイナスに帯電した粘土は、プラスの物質を引きつける力を持っています。プラスの物質とは何かと言えば、それがミネラルです。このプラスに帯電した、もう少し正確に言うと、マイナスの電荷を一つ手放したミネラルを陽イオンという言い方をします。ミネラル全部がプラスに帯電してるわけではありませんが、粘土は多くのこの陽イオン、つまりミネラルを吸着する力を持っているのです。

実は、先に説明したリグニンやセルロースも粘土と同じく、陽イオンのミネラルを吸着する力を持っています。植物の細胞が微生物の力で分解されると、マイナスの電荷を手放し、陽イオン化したミネラルは、この元細胞壁だったリグニンやセルロースの塊に吸着するため、土壌中にミネラルを豊富に残すことができるようになるわけです。これを腐植と呼びます。

つまり、植物が分解していくと、土壌中に腐植、つまりリグニンやセルロースとミネラルがくっついた物質がたくさんできるようになると言うわけです。ミネラルは地下水や表流水、伏流水で運ばれて来ますが、放っておけば海へと流れて行ってしまいますが、そこに植物が介在する事で、土壌が肥えていくという自然仕組みがあるというわけです。なんとも素晴らしい自然の摂理ではないでしょうか。

団粒化

さて、こうして陽イオンのミネラルが土の中の粘土やリグニンなどに吸着していけば、ある程度の塊となります。この塊がどんどん増えていくと、土の中には隙間ができて来ます。なぜなら、陽イオンが塊となると、大きなプラス帯電の塊になった状態と同じということなので、塊同士が反発し合うからです。隙間が空けば、その間の水は外に排出され、必要な分だけ、塊の中に染み込んでいきます。その隙間に今度は空気が入り込みますので、適度に空気があり、適度に水のある状態の土が出来上がるというわけです。

この土を手で触ってみると、ホロホロと簡単に崩れていきます。最初握った時は、土は団子になりますが、指で押すと簡単にほぐれていきます。それが団粒化した土というわけです。

土が団粒化すると、空気がありますから、微生物が活発になります。特に窒素固定菌は空気の好きな、いわゆる好気性の菌に多いので、空気から窒素を取出し、アンモニア態窒素に変換して土壌に固定してくれます。その結果、土壌中にアンモニア態窒素が増えることになります。アンモニア態窒素が増えれば、あとはこれ

団粒化とは

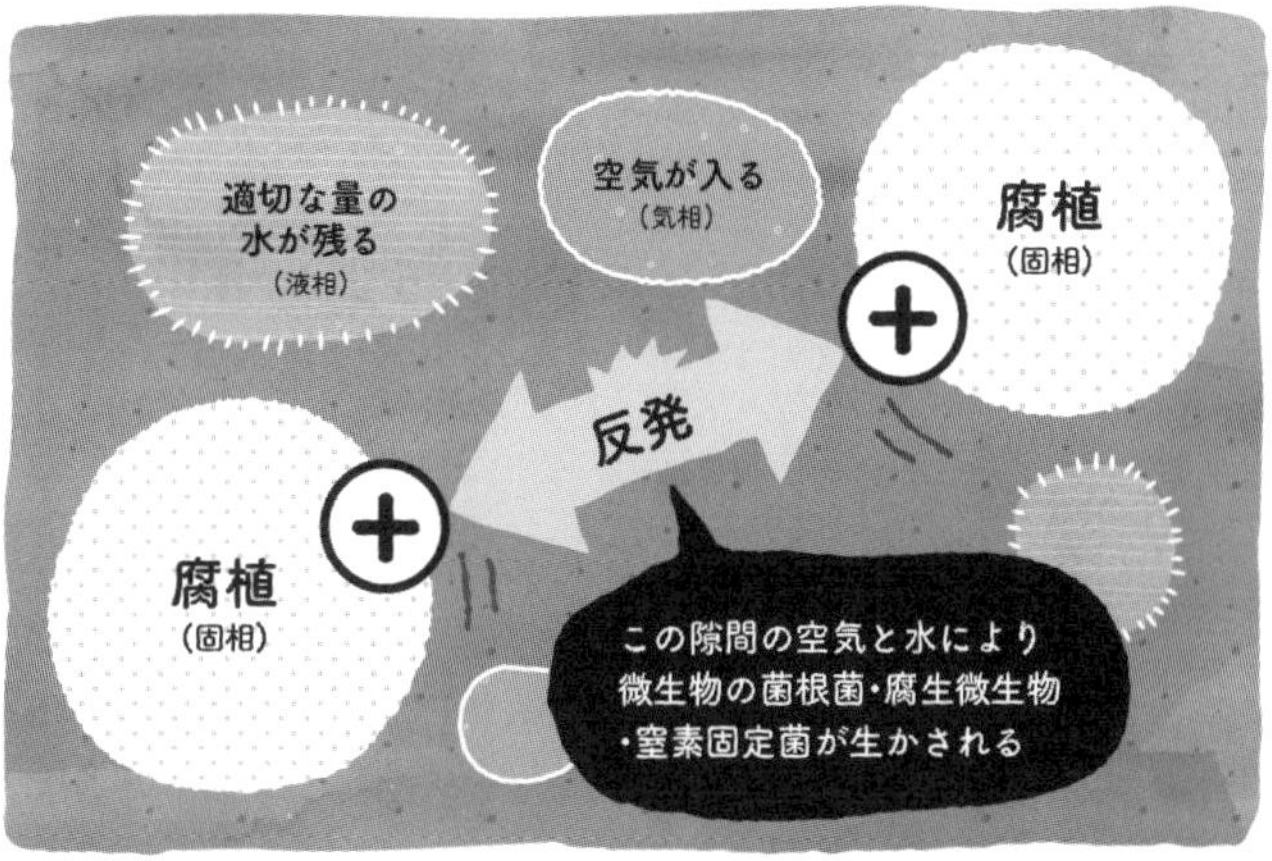

を硝酸態窒素に変えてくれる菌がいてくれれば、植物は窒素を効率よく使え、生長がよくなります。

アンモニア態窒素を硝酸態窒素に変えるバクテリア、つまり細菌ですが、これは硝化菌と呼ばれる菌で、この菌も好気性の菌、つまり空気がある方が活発になる菌です。これを増やすにも、団粒化がとても良い構造になっています。団粒化とは塊を作ることですから、この塊の間に空気が存在し、硝化菌が生きやすい状態になっているということです。これにより、窒素固定菌が空気から取り込んだアンモニア態窒素は、硝化菌によって硝酸態窒素となり、植物が育つ環境が出来上がるということです。

三相構造

ところで、団粒化のための塊が腐植なわけですが、この腐植を、我々は固相と呼びます。固体ですから固相ということです。また、土壌中にある空気を気相と呼び、土壌中の水を液相と呼びます。団粒化を調べる際、この固相、気相、液相のバランスが概ね固相4：気相3：液相3になっているかどうかで判断することもあります。

このバランスは、検査機関の土壌診断によって、科学的に知ることもできます。固相が大きいということは、簡単に言えば硬い土です。空気が少なく、水が滞留しやすいか、水持ちがとても悪いかということです。液相が大きいということは、水はけが悪いとも考えられます。気相が多いということは、それだけ土が軽すぎるということです。どのバランスも適切な状態にしておかないと、植物の生長は悪くなります。

自然界では、人が手を入れない限りは、植物が良く繁茂する場所は、この構造の土になっていることが多いようです。このバランスにするためには、細胞壁を持つ植物が土の上で分解し、そして土壌中に侵入していく必要があります。ミミズなどの土壌動物が枯草を食べ、土に潜って糞をするとか、バクテリアが根を分解させるなどで、土の中に腐植が増えてくれれば、自然とこのバランスになります。牛糞や鶏糞を撒くだけではこの構造にはなりにくいものです。

草を上手に利用してミネラルを増やすのが、無肥料栽培のコツということです。

植物の必須ミネラル

自然の状態であれば、ミネラルの供給源は絶たれないのが普通ですが、そこに人が介在することで、ミネラルが途絶えてしまうことがあります。人は自然界が何をしようとしているかという事実を無視して、時に人の都合で土壌を開墾し、耕し、利用することがありますが、無肥料栽培においては、この「人都合」で行う農作業というのを極力控え、自然の摂理を壊さないようにしていかなくてはなりません。そこで自然は、どのような形でミネラルを供給しているのかという点について、整理しておきます。

植物の17元素

植物が必要としているミネラルというのは、現在分かっているのが17種類と言われています。ミネラルと元素というのは本来同じものと考えてよいのですが、ミネラルを植物が吸収する場合、元素単体で吸収するわけではなく、「ミネラルを与える」と表現する

植物が必要な16元素

窒素（N）、リン（P）、カリウム（K）、炭素（C）、酸素（O）、水素（H）、カルシウム（Ca）、マグネシウム（Mg）、イオウ（S）、マンガン（Mn）、鉄（Fe）、銅（Cu）、ホウ素（B）、亜鉛（Zn）、モリブデン（Mo）、塩素（Cl）

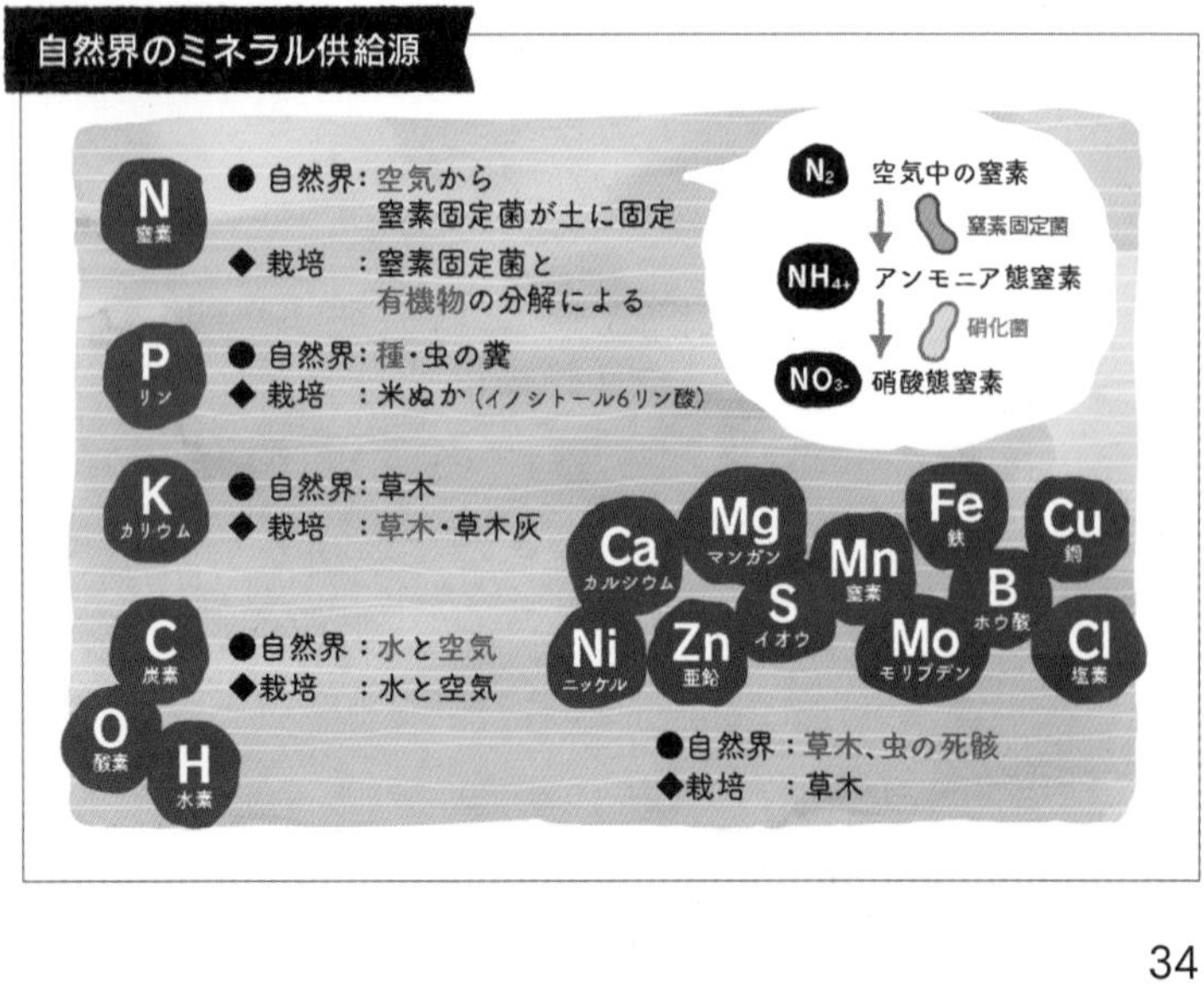

場合のミネラルとは、複数の元素がくっついた無機化合物のことを指していることがあります。本書でもミネラルという表現を両方の意味で使用していますのでご注意ください。

植物が必要なミネラルを17元素と言い、これを必須元素という言い方をします。これらのミネラルは多いとか少ないということよりも、バランスが取れているかいないかが重要になってきます。2元素、3元素だけ飛びぬけて多いと、ミネラルの拮抗が起きて、植物の生長が悪くなりますし、2元素、3元素だけ飛びぬけて少ないと、全体のミネラルの吸収量が減ります。ですので、まずはバランスが大切であるということになります。人は肥料という形でミネラルを土壌に与えますが、この与え方を間違えると、作物が育たない畑が出来上がってしまうということです。

窒素の供給

一般的に言われているのが三大元素、窒素、リン酸、カリです。リン酸というより、元素でいえばリンであり、カリはカリウムのことです。窒素、リン、カリウムが三大元素です。先に、窒素、炭素、酸素、水素は水と空気から与えられているというのは説明しましたが、窒素がないとたんぱく質が生成できませんので、自然界では主に空気中の窒素を利用します。空気中に存在している窒素は、バクテリアの力によって土壌に取り込まれていきます。

空気中の構成要素は、主に酸素、窒素、アルゴン、二酸化炭素などです。この中の窒素を、窒素固定菌というバクテリアが、土壌中に固定していきます。この時に化学的な変化があり、アンモニア態窒素となります。このアンモニア態窒素の状態では稲以外はほぼ使えませんので、さらに硝化菌というバクテリアによって、硝酸態窒素に変化し、土壌中に固定します。植物はこれを利用するわけですので、窒素をわざわざ与えなくても、土壌中にこれらのバクテリアが豊富に存在できる環境を整えればよいということになります。

また、窒素固定菌は空気がないと活動できない、いわゆる好気性菌の一種ですから、土壌の中に空気があることが前提となります。つまり耕されていることです。耕すと言っても、機械を使って耕すのではなく、例えばミミズや幼虫のような土壌動物が、土壌中を移動することで耕され、空気が入り込みます。そういう意味ではモグラも重要な役割を果たしているということになります。その他、植物の根が張り、その植物が枯れることによって、隙間ができてきますので、これも耕して空気が入るのと同じ状況となります。僕が全国の土壌を調べた結果では、この窒素が少ない土壌というのはあまり見当たりません。畑の多くは耕されているからと推測できます。

また、土壌中に残った根や葉が分解されれば、アンモニアが生成されます。これも硝酸態窒素になる元となりますので、土壌中にタンパク質を持つ植物残渣や動物の排泄物と、それらを分解するバクテリアがいれば、土壌中の窒素は枯渇することはありません。

リンの供給

リンは実肥えと言われるように、実を付けるためには絶対的に必要なミネラルです。実を付けるということは、つまり花を咲かせるミネラルでもあり、種を付けさせるミネラルです。このリンは植物細胞内にはどこにでも存在しているものですが、このリンと虫とはとても親和性が高いと思われます。虫は、植物の花の蜜や花粉を栄養とします。あるいは、葉を食べて栄養とします。また、実を付ければ、これも虫や動物たちが、ひたすら食べていきます。これは、もちろん多くのミネラルを植物からいただこうとしているのですが、その中でもリンを吸収していると考えられます。

虫や動物にとってもリンは大切なミネラルであり、植物の実や葉から得るのが一般的です。元々は海底に存在していたリンをプランクトンが接種し、魚から鶏に移動するという循環後、その鶏の糞が蓄積されて地上にリンが豊富になったと考えられます。動物はリンを摂取すると細胞を構成していきますが、使用しなかったリンは糞として排泄しているからです。その糞からリンを吸収した植物は、最終的にはフィチンという形で、主に種に蓄積されていきます。

自然界では鳥の糞だけではなく、実は虫の糞などでもリンの供給が行われているので、草が生えると虫が現れ、その糞が地上に落ちて、土壌中にリンが蓄積されていくのですが、栽培においては、虫があまり増えすぎると、野菜が食べられてしまうという不都合が起きます。そこで、無肥料栽培では、フィチンに注目します。穀物の種に蓄積されるのですが、穀物の種を撒けばよいということになります。もちろん、種を撒けば芽吹いてしまいますので、例えばお米の糠部分だけを畑に撒くことになります。フィチンは米ぬかに多く存在するからです。

雑草は大量の種をばら蒔きますが、これはある意味、リンの供給の役割も果たしているのではと想像できます。ばら蒔かれた雑草の種の90％以上は芽吹かず、土壌のミネラルの供給の役割を果たしているということです。

カリウムの供給

葉や根を構成する元素で最も多いのはカリウムです。カリウムが枯渇すると植物は細胞分裂に問題が起きますので、葉も広がらず、根も伸びなくなります。そのため、植物が育つためにはこのカリウムを欠かすことはできません。自然界では、一般的に根が分解されることで供給されていきますし、葉が落ちて、それが土壌動物やバクテリアの力で分解していくことで供給されていきます。

無肥料栽培においては、カリウムの供給は、例えば草を刈らないという方法で残すことができます。草の地上部が枯れた後、根が分解されてカリウムの供給になるからです。ただし、草はあまり大きくしてしまうと野菜の生長を阻害しますので、草を生やせばよいわけではなく、例えば枯れた葉などを土壌のバクテリアの力で分解させていくということでもカリウムの供給ができます。いわゆる枯葉による堆肥です。この枯葉は、広葉樹や雑木林の枯草や落ち葉を利用することになります。枯葉を集め、それをある程度、堆肥化させてから、土壌にすき込んでいけばよいわけです。

カルシウム・マグネシウムの供給

カルシウムやマグネシウムは、一般的な慣行栽培では苦土石灰という資材で供給しています。石灰がカルシウム、苦土がマグネシウムです。カルシウムが枯渇すると、植物の細胞が弱くなり病気がちになりますし、マグネシウムが枯渇すると、実はリンの吸収がとても悪くなり実が付きにくい畑になってしまいます。それだけではなく、これらのミネラルが枯渇すると、畑が酸性化して虫もバクテリアも、もちろん植物も育ちにくい環境になっていきますので、酸性化を食い止めるためにも、この二つのミネラルは欠かすことができません。

酸性化に関しては、別のところで説明しますが、無肥料栽培ではもちろん、苦土石灰などのようなものは利用しません。ではどうするかですが、実は葉の構成要素と根の構成要素の多くは、カリウム、カルシウム、マグネシウムです。ということは、カリウムと同じく、葉や根を畑に戻してゆけばよいということが分かってきます。草を刈って持ち出してしまうから、これらのミネラルが枯渇していくというわけです。

その他の元素の供給

その他にも金属系の元素が必要なのですが、これらは微量に存在すればよく、また多くは土壌中に既に存在しています。人がわざわざ与えなくても、古くからの土壌の成りたちの中で蓄積し、植物はごく微量しか利用しませんので、枯渇するということがあまりないミネラルです。

しかし、昨今は、土壌中からこれらの金属系ミネラルなどが減っているのも事実です。なぜ減っているかというと、人が窒素、リン、カリウム、カルシウム、マグネシウムだけを与え続けるからです。つまり最初に書いたようにミネラルのバランスが狂ってきているのです。それと、過剰すぎるリンの供給と、過剰すぎるカルシウムの供給による弊害でもあります。供給されたリンが鉄や亜鉛などとくっついてしまって、植物が使えなくなってしまっているなどの原因だと言われています。

無肥料栽培では、こうした過剰なリンやカルシウムを与えることはありませんが、その畑を使用していた前の耕作者が過剰に与えていることも考えられますので、油断はできません。そのため、無肥料栽培であっても、ミネラルを整えるということを意識する必要があります。

どうするかと言えば、使用するものは草や根、あるいは米ぬかなど自然界にあるものだけで堆肥化させて、狂いがちのミネラルバランスを整えていくことです。育った植物というのは、おおむねミネラルバランスが整っているから育ったわけで、それらを畑に戻していくということが重要になってきます。草を生やして刈って土に戻す、あるいは広葉樹の葉などを堆肥化させて、畑に利用するのが良いと思います。

土壌の酸性化

最初に、植物は根から有機酸を放出し、土壌中のミネラルの一部を吸収するということを書きました。このことについて少し詳しく書いてみます。有機酸と言っても、様々な形態の酸があり、たとえばクエン酸、コハク酸、リンゴ酸などを指します。酢酸もその一つと言えます。これらの役割ですが、植物の体内にある場合は、動物はこの酸を摂取して、体内で分解して必須元素として利用し、アミノ酸やたんぱく質なども構成していきますが、酸を放出するということは、当然、畑の土壌も酸性化に向かうことになります。

有機酸の役割

植物が作る有機酸には多くの役割があります。ひとつには、体内に有機酸を作り出し、クエン酸回路（ＴＣＡ回路）などの反応を通してエネルギーとして利用しています。

二つ目は、防御反応として利用します。土壌中には多くの金属ミネラルがあります。これらのうち、鉄や亜鉛といった、植物の生長に必要なミネラルと、アルミニウムなどのように、植物の生長を阻害するようなミネラルもあります。植物は、根から有機酸をだし、この有機酸とアルミニウムとキレート、つまり結合することで、アルミニウムの吸収から防御するような機能も備わっています。

三つ目として、植物が必要とするリンや鉄などの吸収を助けることです。これらリンや鉄は、多くは土壌鉱物などとキレートしており、その結合は強く、リンや鉄を吸収しようと思っても、なかなか利用できません。そこで、有機酸を放出して、このキレート状態を可溶化して、リンや鉄を吸収しやすいようにふるまうわけです。

酸性雨による土壌の酸性化

有機酸、特にクエン酸を放出すると、ミネラルが溶け出るわけです。

また、この有機酸が根から分泌されることで、根の周りに存在している菌根菌にも有益に働きます。菌根菌などは、可溶化したミネラルやリンなどを根に運び込むことで、根から糖を受け取ります。つまり、根圏微生物である菌根菌が働ける環境が作り上げるということであり、それによって植物は生長が加速されるのです。菌根菌に関しては、次の章で詳しく説明しますが、菌根菌などのバクテリアにとっても、有機酸は必要ということです。

こうした有機酸が有用であることはお分かりいただけると思いますが、これを外部から与えるとどうなるかというと、本来、根の周りで行われている活動ですから、畑全体で散布したと

根酸による土壌の酸性化

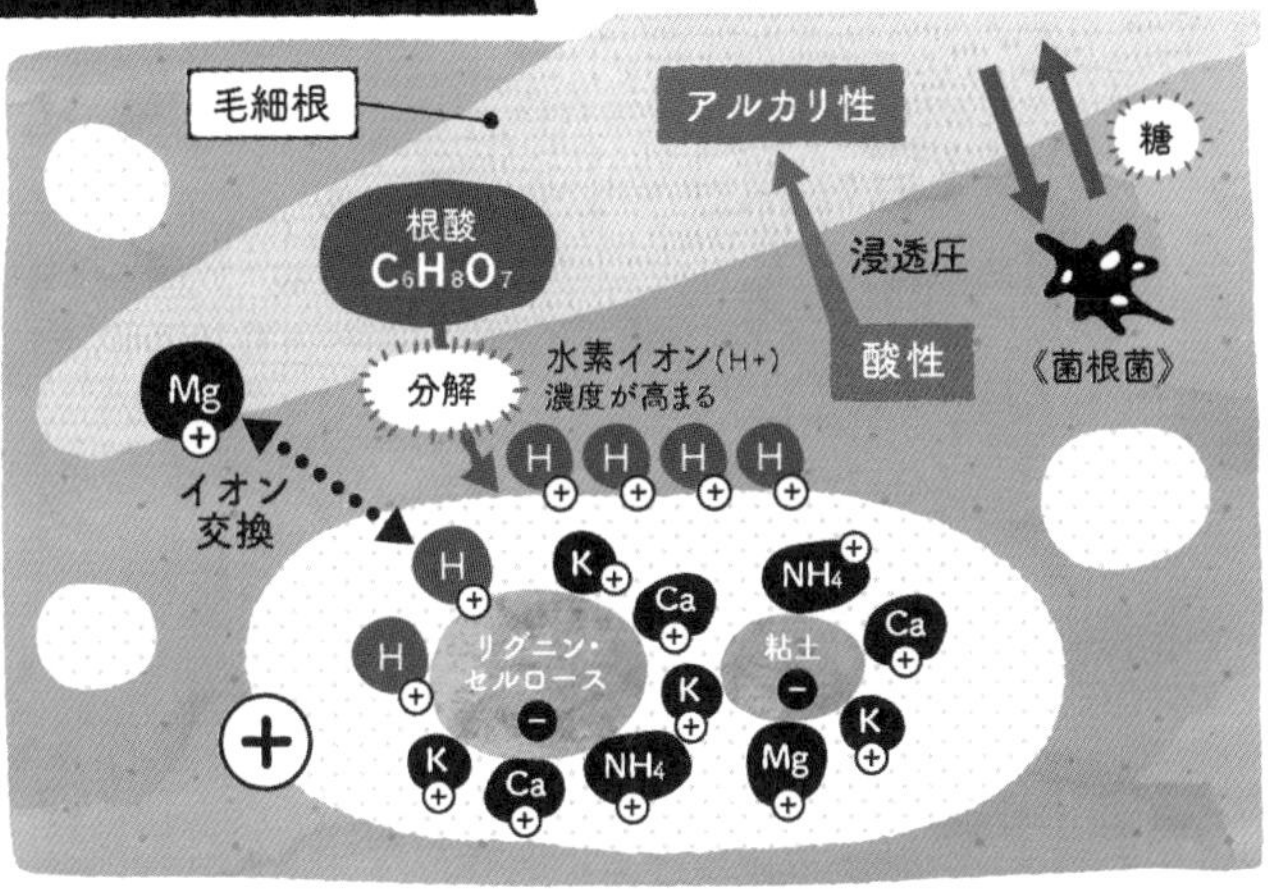

ころで、それが有用かどうかは疑わしいところです。そこで、無肥料栽培では、根の周りや、定植時に吸わせる水に、クエン酸やリンゴ酸を500倍ほど希釈して薄く加えておくということを行います。これは、現実的なところで、有用な働きをします。

または、有機酸を放出する植物を近くに植えておくことです。特にアブラナ科の植物は、多くの有機酸を放出すると言われていますので、畝の上に、小松菜やカラシナなどの葉野菜の種を蒔いておくことはとても有用です。これはコンパニオンプランツでも良く利用している方法ですので、是非とも試してほしいところです。

有機酸による酸性化

ところで、有機酸というのは当然酸性のものですから、これらが多く放出されると、根の周りは酸性化していきます。この時、根自体はアルカリ性を示しますので、いわゆる酸性度に差が生まれます。根の主成分は、カリウム、カルシウム、マグネシウムなどです。これらはアルカリ性を示すミネラルですので、根の周りが酸性になると、実は、根の周りの水分が浸透圧によって、根の中に移動し始めます。この時、水溶性のミネラルは、水とともに根の中に吸収されていくことになります。この差をわざと作り出すことで、植物はミネラル吸収を加速させているともいえます。

しかし、ここで別の問題が発生します。根から酸性の有機酸を放出することで、土壌がどんどん酸性化していくということになります。酸は炭素（C）と酸素（O）と水素（H）が繋がったものです。これらが土壌中で化学反応を起こしながら、形態が変化していきますが、ここで最終的に水素イオン（H+）が放出されます。この水素イオンが、腐植が持っていた植物の生長に必要な陽イオン化したミネラルと交代し、腐植の中に水素イオンがくっつきます。この水素イオンが増えていけばいくほど、土壌は酸性化していきます。難しく書いていますが、要は酸性の物質が土壌に放出されるのですから、当然、土壌は酸性化するわけです。

酸性化の度合いを示すのが、酸度であり、pH（ペーハー）と言います。つまり水素イオンの量のことを現し、水素イオンが多ければ多いほど、酸性になります。植物も微生物も、あるい

ミネラルは土から

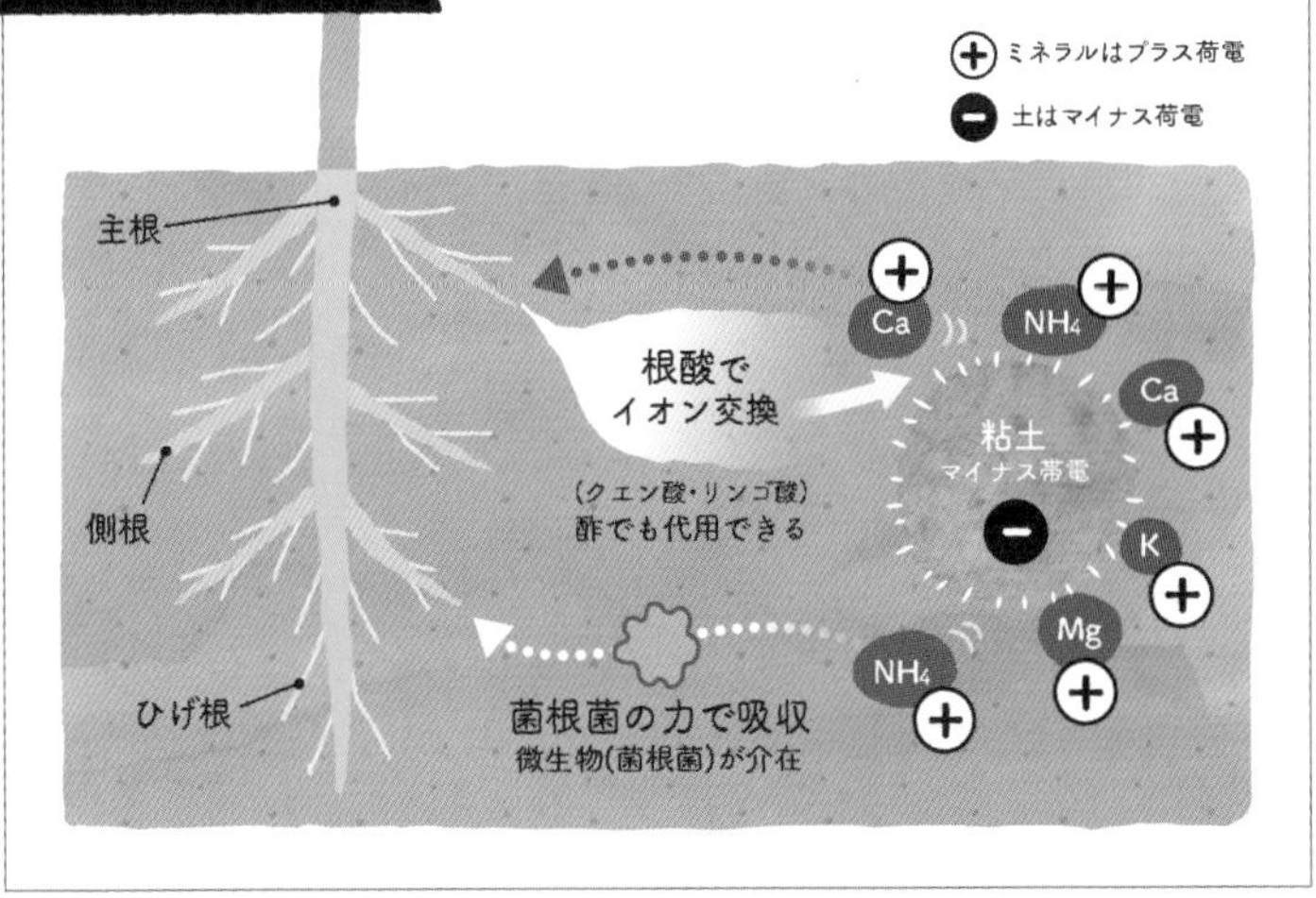

は土壌動物も、酸性化していく土壌を嫌います。ですので、土壌がどんどん酸性化していくと、微生物が減り、植物が育たなくなるわけです。

酸性化する理由としては、実はもう一つあります。それが酸性雨です。日本国土に降る雨は酸性化してます。窒素酸化物や硫黄酸化物などが混ざった雨だからですが、これらの元は排気ガスや工場の煙がもとになっています。

それにしても、植物が自ら放出した有機酸によって、土壌が酸性化し、植物が育たなくなるというのは、考えてみればナンセンスな話です。必ず、この酸性化を食い止める方法が、自然界には存在するはずです。

では、どうなっているかですが、酸性化していくのですから、アルカリ性のものが土壌に存在すればよいわです。アルカリ性のものと言えば、カリウム、カルシウム、マグネシウムなどの陽イオンと呼ばれるミネラルです。これらを多く含むものは何かと言えば、そうです、根です。つまりこの根が分解すれば、自らが出した有機酸で酸性化した土壌を、中性に戻すことができるわけです。ここで、重要なことが分かります。無肥料栽培では、やはり草の根は除去してはいけないということです。酸性化を食い止めるために植物の根があるのですから、それを残して分解させていけばよいということです。

根だけではなく、葉の主成分も、カリウム、カルシウム、マグネシウムという、アルカリ性を示すミネラルですので、これらの葉を土壌で分解させれば、土壌は中性を保つことができるのです。一般的な慣行栽培では、根を残すことはしません。そのため、土壌がどんどん酸性化していきます。そこで、致し方なく、カルシウムやマグネシウムを肥料として与えるという選択をしています。カルシウムを石灰といい、マグネシウムを苦土といいますから、苦土石灰を撒くことで、土壌を中性に戻そうとするわけです。無肥料栽培では、草を使えばよいということです。こちらの方が簡単で、自然なやり方です。

pH値を整える

pHについてもう少し詳しく説明していきます。『無肥料栽培を実現する本』でも説明していますが、とても大事なことなので、もう一度説明しておきます。

土壌は、酸性度、つまりpHは0～14の数字で現され、7を中性とし、0に近い方を酸性、14に近い方をアルカリ性と言います。自然界の通常の土壌は6.5辺りを推移していることが多いのですが、これはその土壌がどのように出来上がったかによって違います。

例えば、地球の深い層にあったマグマが噴火して出来上がった土壌であれば、酸性に傾くことが多くなります。山から土砂が流れてきて、出来上がった土壌であれば、弱酸性が多いでしょう。大陸などで雨が降らない乾燥地帯や塩類が堆積した土壌ですと、アルカリ性に傾きます。日本にはアルカリ性土壌は少なく、前述したように、工場廃棄や車の排気ガスなどにより、どちらかというと酸性になる傾向にあります。

日本土壌は酸性化している

排気ガスなどに含まれる硫黄酸化物や窒素酸化物は、硝酸化して雨とともに土壌に降り注ぐのですが、それよりも、植物が根から放出する有機酸などによって酸性化が極度に進んでいきます。そこで、植物は、枯れ葉を落とす、根を枯れさせて分解させることで、カリウム、カルシウム、マグネシウムなどのアルカリを示すミネラルを土壌中に堆積させるということを、自然と行っています。しかし、草を刈ってしまったり、枯れ葉が落ちないように木を除去したりしますので、当然、畑の土壌は酸性化していきます。

酸性化していくと微生物だけでなく、土壌動物が生息しにくくなり、植物も育ちません。植物にとって有意義なバクテリア類、つまり細菌類は主に、pH7〜8当たりの中性を好みますし、植物を病気から守る放線菌や、腐植を作り出す乳酸菌などはpH5〜7を好みますので、通常は、pH6.5〜7ぐらいの土壌を保持しておきます。これが酸性化すればするほど、特に6を下回ってくると、糸状菌が優位になり、要は植物にとってはカビ系の病気を増やす値になるため、できるだけ酸性化を防ぐ手だてが必要となります。

もちろん、糸状菌は、有機物の分解の最初の活躍者ですから、必要な菌であり、糸状菌は酸性の2から中性の7までは十分に生息できます。つまり、6を下回ってくると、細菌や放線菌が減り、糸状菌ばかりになるので、土壌としては問題です。これが6.5〜7になれば、すべての菌が存在できるので、土壌としてはバランスが良いということです。この細菌、放線菌、糸状菌については、次章で詳しく説明します。

微生物の生育が活発なpH値

細菌	：pH7〜8
放線菌、乳酸菌	：pH5〜7
糸状菌	：pH4〜6

pHとは

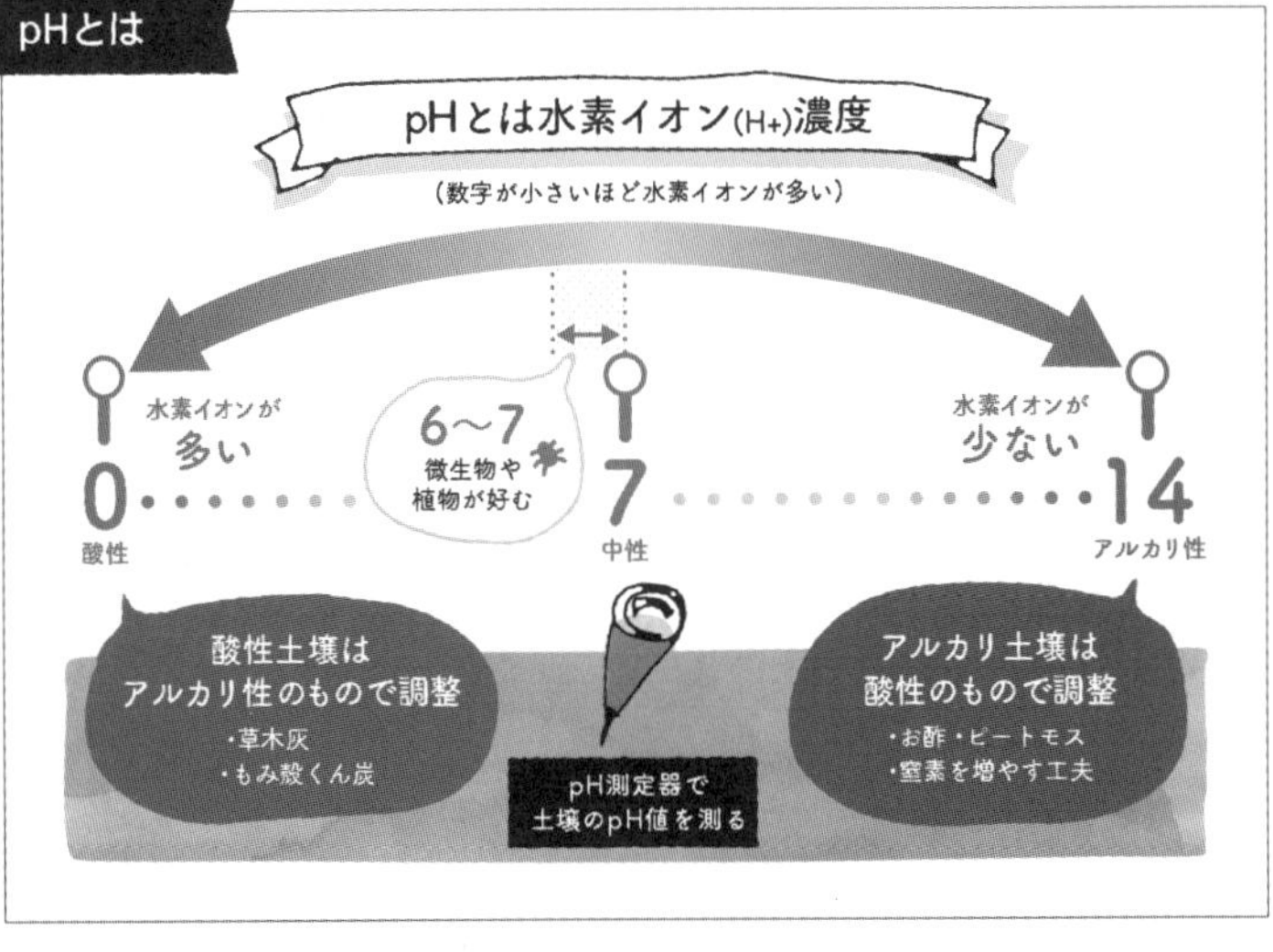

酸性土壌のpHを整える

そこで、まず畑のpHを測ってみることをお勧めします。もしこの値が酸性に寄っている場合は、無肥料栽培であっても、何かしらの対策を行うことが必要です。酸性化した土壌を中性または弱酸性に戻すためには、アルカリ性のミネラルを増やすのが、最も良い手段です。アルカリ性のものと言えば、植物の葉や根です。植物の葉や根の主成分はカリウム、カルシウム、マグネシウムですので、これらをバクテリアの力で分解させて、土壌に存在するようにすき込んでいけば、土壌は中性に戻ります。

僕の無肥料栽培では、のちにご紹介する雑草堆肥を利用することが多いですが、もっとも簡単なのは、できるだけ草を刈らずに畑に残し、背丈が高くなってきたら、根を残して草刈りをすることです。根が残れば、それが分解して、やがて土壌は中性に近づいていきます。刈った草をその場に置いておいても効果はありますが、刈った草は、土壌が酸性化していると、カビが大量に発生してしまいますので、できたら、刈った草は別な場所で分解させてから、土壌に戻す方法をお勧めします。詳しくは、後述します。

もし、酸性から早急に中性に戻したいという場合は、草木灰を利用するという手もあります。草木灰は、草木を燃やして残った灰です。灰は強いアルカリ性を示しますので、これをばら撒くことで、土壌のpHを変えることはできます。草木灰以外でも、例えば、もみ殻を炭にしたもみ殻くん炭というものがあります。お米を栽培している人なら、誰でも知っているもので、中にはご自身で籾を燃やして作っている人もいるでしょう。もしくは販売もされています。これらは強いアルカリ性を示しますので、土壌に撒くだけでも効果はありますし、ミネラルの塊でもありますから、植物の生長も加速することでしょう。ただし、こうしたものを大量に撒くと、土が硬くなっていくことがあります。急激にアルカリ性になるため、バクテリアも一旦棲みにくくなるからと思われます。

また、この資材を撒くということに抵抗があるかもしれません。無肥料栽培では、資材を使わないのが基本理念ですので、使わないで中性にするためには、少し時間はかかりますが、やはり草を取りすぎないことです。草をしっかり残して、根をバクテリアに分解させるということ、あるいは刈った草をカビが生えないように注意しながら、敷き草として置いておくことです。

アルカリ土壌のpHを整える

逆に、アルカリ性になってしまった場合ですが、こちらはあまりないと思います。あるとしたら、畑を前に使用していた人が、苦土石灰や石灰を大量に撒いている場合です。土壌のpHも計らないで、ルーチンワークのように石灰を撒いている人たちが、事実存在しています。そうした畑をうっかり借りてしまうと、畑がアルカリ性に偏っており、過剰な石灰は、野菜を病気にしてしまいますので、実に困ったものです。こうした場合は、緊急で中性に戻したいところですが、残念ながら、そう簡単ではありません。酸性から中性に戻すよりも、はるかに難しい作業となります。

さて、どうするかですが、まずは過剰すぎる石灰を除去しなくてはなりません。そのためには、野菜栽培を諦めて、まずは石灰を吸着してくれる背の高い植物を植えて、育ったら持ち出す方法です。よく利用されるのが、ソルゴーと言われる、いわゆるたかきびの一種です。このソルゴーは、背丈が高く、土壌をクリーニングしてくれますので、石灰分もやがて減っていきます。また、アルカリ性に偏った土壌の土は、おそらく硬く締まっていますので、それもソルゴーの深い根がほぐしてくれます。

ソルゴーが育ったら、刈り取って、地上部は持ち出して、燃やしてしまえばよいでしょう。根も抜き取れるなら抜き取った方が良いのですが、広い畑だとそうもいかないでしょうから、そのまま耕運機やトラクターで土壌をかき混ぜてしまいます。こうした作業を行いますので、少なくとも1年は畑を使えません。

畑を使いながら、アルカリ性の土壌を中性に戻すなら、致し方ありませんので、クエン酸などを散布することです。アルカリ性の土壌にクエン酸を散布すると、ミネラルの吸収も良好になることありますので、一石二鳥です。しかし、クエン酸を散布するということは、無肥料とは言いづらい状態にはなります。その点は致し方ないのかもしれません。それ以外に、酸性のものと言えば、ピートモスでしょうか。pH調整していないピートモスであれば、土壌を中性に戻すことはできますが、ただし、費用が結構かかる覚悟は必要です。

とにかく、畑を借りる場合には、必ずこのpHを調べてから決めた方が無難だと僕は思います。それにより、前の耕作者はどのような使い方をしていたのかが分かるはずです。

ミネラル豊富な土の準備

ここまでで、植物は水と空気を利用し、太陽光をエネルギーに光合成で糖を作り、その糖を基にアミノ酸やたんぱく質まで形成することを説明してきました。また細胞を構成するために必要なのがミネラルであり、それらが形成され、吸収されていく過程も説明しました。この流れから、どのような土壌を作りあげて行けばよいのかが概ねわかってきます。

まず、ミネラルが含まれているものが何かという点です。決して肥料という意味ではありません。自然界はどのようにしてこのミネラルを得ているかです。それを説明する前に、三大元素の化学肥料はどうやって作られているかを簡単に説明しておきましょう。

化学肥料とは

窒素は空気中から取り出すわけですが、この時、水素が必要になります。空気中の窒素と水素を反応させてアンモニアを作る。これが窒素肥料となります。水素をいただく資源は天然ガスなどです。天然ガスと空気で窒素肥料を作り上げます。リンは、リン鉱石を掘削して精製します。リン鉱石は色々な歴史で出来上がっていますが、多くは生物、特に動物の糞が元になっています。カリウムはカリ鉱石を掘削して精製します。もとは植物が堆積したものです。これらはすべて資源として、人間が多くのエネルギーを使用して作り出しています。

化学肥料の窒素、リン、カリウムは、日本国内では埋蔵量はほぼゼロに近く、すべてを輸入

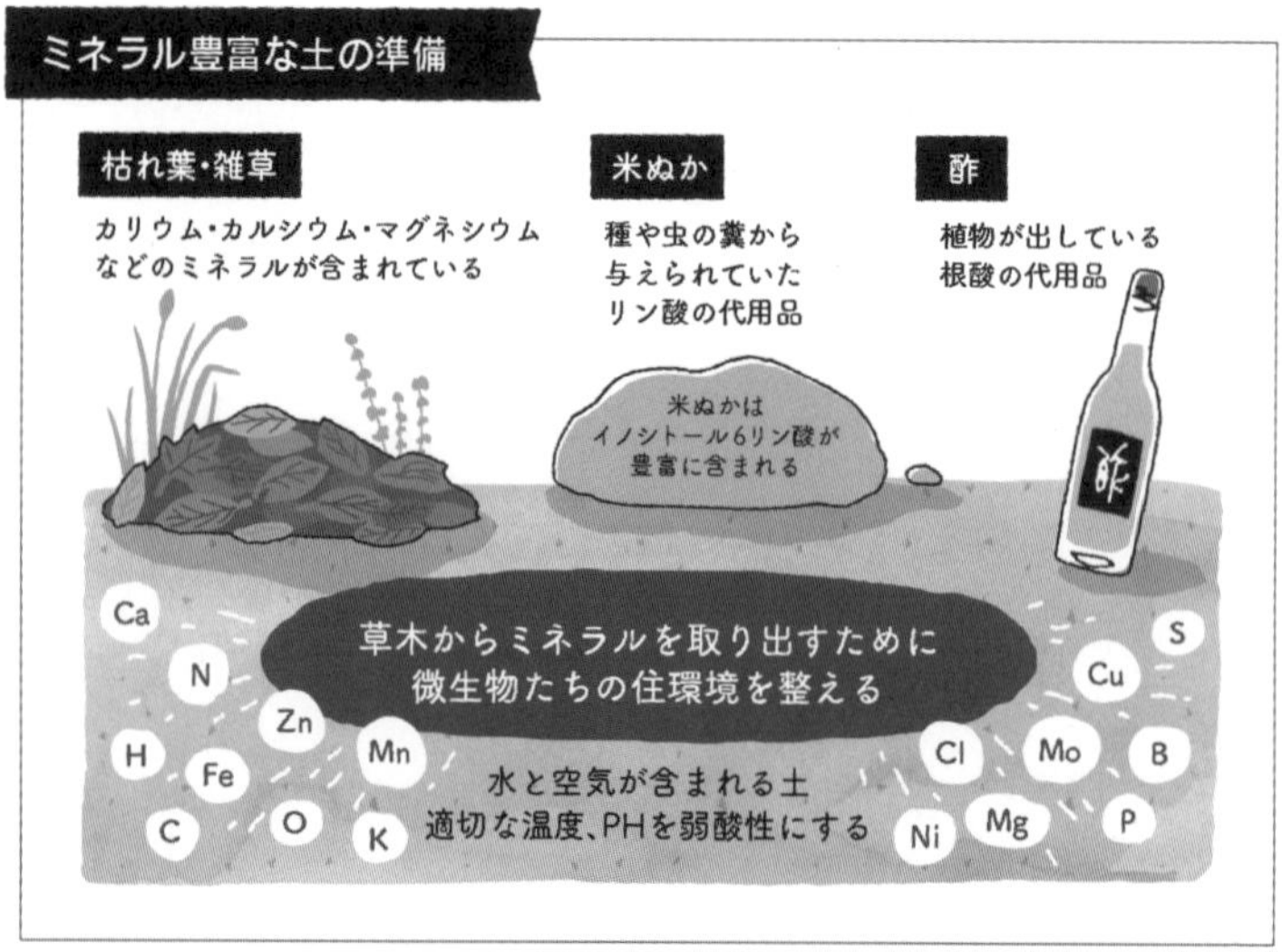

ミネラル豊富な土の準備
枯れ葉・雑草
カリウム・カルシウム・マグネシウムなどのミネラルが含まれている
米ぬか
種や虫の糞から与えられていたリン酸の代用品
酢
植物が出している根酸の代用品
米ぬかはイノシトール6リン酸が豊富に含まれる
酢
草木からミネラルを取り出すために微生物たちの住環境を整える
水と空気が含まれる土
適切な温度、PHを弱酸性にする
Ca
N
Zn
H
Fe
Mn
C
O
K
S
Cu
Cl
Mo
B
Ni
Mg
P

に頼っていると言っても過言ではありません。輸入に頼ると、関税、輸出調整、採掘量減少、戦争等で、価格は簡単に上昇し、経済を圧迫します。

●リンはリン鉱石より精製
産出国は、中国31・５%、米国18・８%、モロッコ15・５%、ロシア6.5%、チュニジア5.0%
※１９９０年後半、アメリカが資源枯渇を理由に禁輸措置を実施したため輸入量が減少。中国からの輸入が増えたが、これも四川大地震をきっかけに生産量が激減し価格上昇。

●カリウムはカリ鉱石から精製
産出国は、カナダ46%、ロシア35%、ベラルーシ８%
※カリやリン鉱石のような資源商品は、鉱山の開発にリードタイムと巨額の費用を要する。カリ鉱山は２０００ｍ以上も掘る。完全なる売り手市場。

●窒素は空気と天然ガスを反応させて製造する
天然ガス産出国は、米国24%、ロシア21%、イラン7.5%、カナダ5.8%
※２０００年には世界で10カ国だったＬＮＧ輸入国は、現在では35カ国まで増加。東アジア地域での天然ガス需要は２０３０年までに現在の２倍以上に増加する。

では有機肥料は？　ということになりますが、家畜排せつ物の有機肥料も、元の飼料の多くが輸入ですので、事情としてはあまり変わりません。こうした事情から、できるだけ外部からの投入に頼らない土づくりが必要なわけです。

自然の力で肥料を生み出す

ミネラルの多くは自然界に存在しています。それを使用しない手はありません。主に、草木の中に眠っていると言っても過言ではありませんので、広葉樹の山の枯葉、街路樹の枯葉、畑や土手に生えてくる草などを利用することで、少なくとも、カリウム、カルシウム、マグネシウムなどのミネラルは供給できます。

リンの多くは土壌中に眠っているか、虫が草から接種し、糞の中にため込んでいます。虫を敵とせず、畑の中でたくさん生息していてくれれば問題ないわけですが、虫は野菜も食べてしまうので、なかなかそうもいきません。そこで、虫の代わりにリンの供給源となる米ぬかを使用します。リンは実を生らすために大切なミネラルですが、そのリンは種に残るので、お米の種である玄米から出た米ぬかには、フィチンが含まれていて、それがリンの供給源となります。フィチンはイノシトール6リン酸ともいい、リン酸を含んでいるのです。

または、アブラナ科の野菜と混植する方法もあります。アブラナ科はクエン酸を放出し、土壌中に金属系のミネラルとキレートしているので、それをクエン酸で溶かし出します。クエン酸を希釈したものか、もしくは酢酸である酢なども代用できます。

そして、最も大事なのが、微生物が棲みやすい環境を作ることです。微生物は生物なわけですから、水が必要ですし、空気も必要です。水が多すぎると空気が無くなりますので、適度な保水と適度な空間が必要ということです。それには、土が耕されていることが必要です。耕すと言っても、人の手で耕すのではなく、土壌動物や、植物の根などで耕されている状況です。そのため、畝の上には草を絶やさないように努力するわけです。

草と言っても、雑草ですと、中には大変勢力が強く、野菜の生長を邪魔するものもありますので、雑草よりも、野菜の種、特に葉野菜の種を蒔いておくという方法が良いと思います。土が有機物によって団粒化していけば、特に人が何をしなくても、勝手に微生物が棲みやすい環境が作られていきますので、土壌中に有機物が欠かさないような管理も必要となってきます。このやり方に関しての詳細は後の章で扱いますが、いずれにしろ、植物を育てるのは植物と微生物であるということは理解しておいた方が良いでしょう。

微生物が棲みやすい環境をまとめておきます。

●植物にとって有用な菌：菌根菌、根粒菌、窒素固定菌、硝化菌、腐生微生物（糸状菌、放線菌、

細菌）、乳酸菌、酵母、光合成細菌

●**有用な菌の活動しやすい酸素環境**：好気性の菌、または条件的嫌気性菌が多いので、適度に空気が存在すること

※好気性菌：酸素が存在しないと生きられない菌

※条件的嫌気性菌：酸素があってもなくても生きていられる菌

※嫌気性菌：酸素があると生きていられない菌

●**有用な菌の活動しやすい温度環境**：25～40度。20度下回ると腐敗し、50度を上回ると乳酸菌のような菌しか生きられない。

●**有用な菌の活動しやすいpH環境**：pH5～8。もっともよいのは6.5～7

第2章

植物を生長させる微生物たち

共生微生物の仕事

バクテリアが土壌の中で何をしているのか。『無肥料栽培を実現する本』でも、詳しくは書きましたし、本書でも既に微生物の話をところどころで書いていますが、今までの話からの流れでもう一度、ここで詳しく説明します。

まず、バクテリアと表現していますが、これはいわゆる細菌の事を指し、微生物の一種です。微生物とは微細な生物の事であり、主に１㎜以下の生物です。カビは微生物ですが、カビが肉眼で見えるのは、微生物の塊だからです。もっと大きなもので言えば、キノコも微生物の集合体です。

微生物には大きく分けて、糸状菌、放線菌、細菌があります。乳酸菌や酵母も微生物ですが、細菌の仲間になります。大きさ的には、糸状菌、放線菌、細菌の順に小さくなっていきます。当然ですが、大きな微生物は大きな有機物を餌にし、小さな微生物は小さな有機物を餌としています。

一言で微生物と言いますが、非常にたくさんの役割を持っています。植物が成長するのに役に立っている微生物は、大きく分けると、腐生微生物と共生微生物です。学術的にはこういう呼び方はしませんが、我々農業に携わる者としては、この言い方をする事が多いと思います。まずは、共生微生物について説明します。

菌根菌

先程からよく出てくる菌根菌は、共生微生物です。主に植物の根の近くに、あるいは根の表面に、もしくは根の中で活動しており、植物の生長を助ける代わりに、植物から餌をもらっています。共生関係にあるので、共生微生物という言い方をします。菌根菌は、土壌中のミネラルを運ぶのが主な仕事です。特にリンや窒素などをせっせと運び、代わりに植物から糖やアミノ酸などの炭素化合物を得ています。

菌根菌の中でも、最も植物に有用な菌根をアーバスキュラー菌根菌と言い、この菌だけでも150種類ほど確認されています。しかも植物の種類によって、共生してる菌も様々です。土壌中にこの菌根菌がいなくなれば、植物は途端にミネラル吸収に支障が出て、生長が止まってしまいますので、出来るだけこの菌根菌を増やす土づくりが必要です。もし、菌根菌が減少してしまった場合、他の方法でミネラル吸収をさせてあげる必要が生まれ、そうなると無肥料栽培ではなくなってしまいます。

農薬や化学肥料を多量に土壌に散布すれば、菌根菌は次第に減っていきます。農薬の中には微生物を殺傷するものも多く、適量であれば防げるかもしれませんが、うっかり投入し過ぎてしまうと、途端に微生物は減少します。その場合、化学肥料を投入し、水を散布して、水に溶けたミネラルを強制的には根から吸収させる事になりますが、これは自然の法則とは乖離していますので、無肥料栽培では、もちろん行いません。

減らすのは簡単ですが、増やすのは大変難しいのがこの菌根菌です。菌根菌は植物の根があれば生きていけるわけですから、出来るだけ畑に草を残す事で実現できます。草がたくさんあれば、その分、土壌に放出される糖は増え、菌根菌も棲みやすい環境が整うからです。

この菌根菌は、植物が根から出す有機酸にも反応します。植物は、土壌中のミネラルを溶かし出すために有機酸を出す事がありますが、この有機酸がたくさん土壌中に放出されれば、菌根菌の活動も活発になるわけです。

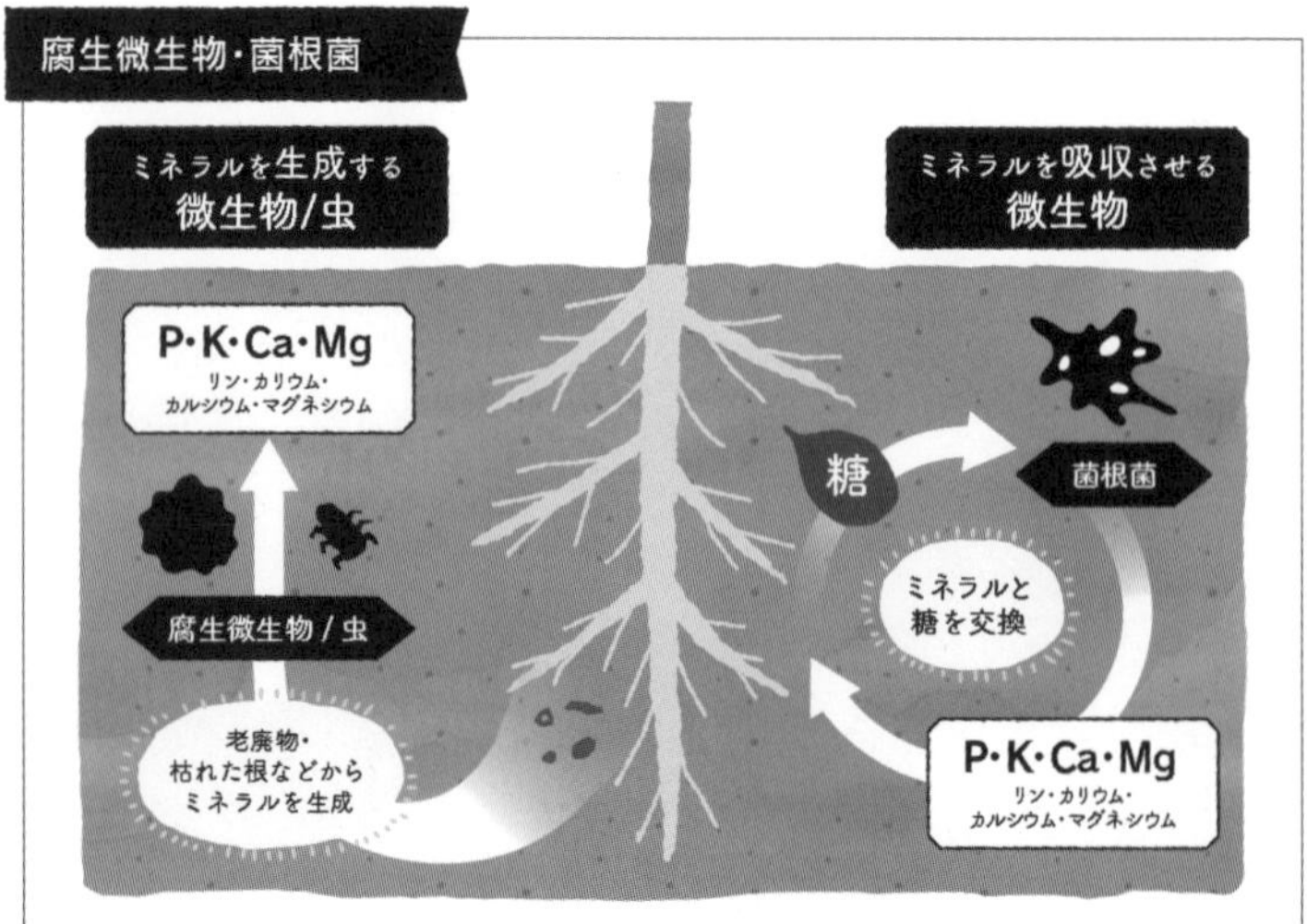

もう少し、この辺りの説明を詳しく書くと、植物は根から有機酸を出します。この有機酸は土壌中で化学反応を起こし、土壌に眠っていたミネラルを溶かし出します。この溶け出たミネラルを菌根菌が長い菌糸を伸ばしてキャッチし、植物の根まで運ぶわけです。植物はその分、根の長さは短くて済みますので、とても効率の良い方法とも言えます。

ただし、有機酸は土を酸性にしてしまいますので、ただ有機酸がたくさん出れば良いということではありません。この酸性に偏っていく土壌を中性に戻すための自然の摂理というものもあり、その摂理もしっかりと働かせる必要もあります。

菌根菌をどうやって増やすか

この菌根菌を増やすためには、無肥料ではどうするかというところがポイントとなります。先に書いたように、菌根菌は有機酸によって活動が活発になりますので、要は有機酸を土壌中に増やすという方法があります。有機酸は主にクエン酸に似た構造をしています。

通常、土壌中にはリンなどが他の金属系の元素とキレートしたり、カルシウムが塩（エン）として固定されてしまって利用できない形態になって存在したりします。この状態を打破しているのが有機酸なわけですから、クエン酸を畑に散布するという方法もあります。クエン酸は植物に吸収されればクエン酸回路としても利用されますので、生長が良くなることがあります。

無肥料栽培では散布するという手段を使う場合、クエン酸を希釈して撒くのでは肥料栽培となんら変わりませんので、そうしたことは行いません。例えば、苗を畑に定植するときに、苗に吸わせる水にクエン酸を少し含ませてから定植するという方法で、生長を助けたりします。

しかし、最も良いと思うのは、有機酸をたくさん出す、アブラナ科と植物の種を蒔くことです。アブラナ科がたくさん芽生えてくると、アブラナ科が根から有機酸を放出して、土壌中のリンなどを吸収しようとします。この時に、アブラナ科は菌根菌の力を借りずに吸収するという特殊な生態を持っているので、アブラナ科が放出した有機酸によって土壌中のミネラルの吸収が行いやすくなるうえに、菌根菌が増え、その菌根菌は野菜の生長を助けてくれるという図式が完成します。ですので、僕の無肥料栽培では、野菜の周りにカラシ菜などの野菜の種を蒔いておくというようなことや、使わない畝があれば、カラシ菜を栽培しておくということを推奨しています。

窒素固定菌と硝化菌

窒素固定菌については、土の団粒化のところで書きましたので、詳細は省きますが、簡単に書きますと、植物はアミノ酸を生成するのに空気中の窒素を利用しますが、通常、そのままでは利用できないため、この窒素固定菌の力を借ります。

窒素固定菌は好気性の菌であり、空気のある土壌に生息しており、この窒素固定菌が存在しない土壌というのは、あまり存在しません。よほど空気が入らないように踏み固めた土か、土壌での深い部分以外の、植物が根を張れる土壌には存在します。この菌が存在することで、空気中の窒素をアンモニア態窒素として取り込んでくれますので、植物が利用できる形態の窒素に近くなります。この状態でも稲でしたら利用できるのですが、野菜はというと、まだ利用できません。そこで硝化菌の役割が生まれます。

硝化菌は、団粒化した土壌の中に存在し、アンモニア態窒素を硝酸態窒素に変え、野菜が使える状態にしてくれます。この硝化菌がいないと、植物は空気中の窒素が使えずに枯れていきますので、野菜が育たない場合は、この菌がいないのではという疑いもあるわけです。

窒素固定菌と硝化菌を増やすには

窒素固定菌は土壌中に存在しやすい菌ですので、大概の土壌には存在します。あとは増やすだけですが、好気性の菌ですので、土壌中に空気が含まれていることが条件です。硝化菌も同じく。土壌が耕されていれば、増えると予想されますが、農業機械で耕すというよりも、土壌動物の行き来と、土壌の団粒化が進むことによって増えていきます。

土壌の団粒化を促進させるためには、団粒化のところでも書きましたが、植物が土壌表面、または土壌中で微生物の力で分解していく必要があります。無肥料栽培においては、例えば草を生やすということになり、根が土の中を割って入りますので、この根がやがて枯れていけば、そこが隙間となって空気が入りますので、ある程度の草を生やし、適宜地上部を刈ってあげれば、窒素固定菌は増えます。もしくは、ミミズなどの土壌動物を殺さないようにするということも大事です。そしてもちろん、それらの死骸や枯草、枯れた根を土に戻していくという作業が必要になるということです。

また、窒素固定菌は有機酸や糖なども餌としますので、やはり植物が生えている畑づくりをすることで、自然とこの菌が増えていくことになります。

根粒菌

根粒菌は、窒素固定菌の一種ともいえます。窒素固定菌は主にアンモニア態窒素を作る菌で、根の周りに存在していますが、根粒菌は少しその生態が違います。窒素固定菌は土壌中において空気中の窒素を固定しアンモニア態窒素を作り出しますが、根粒菌は、主にマメ科の植物の根に中に侵入し、根粒というスペースを作り、その中でアンモニアやアミノ酸を生成して、植物に窒素を与えます。その見返りとして、植物から糖をもらって生きている菌です。窒素が少ない土壌においては、マメ科の植物を植えると、この菌が繁殖し、マメ科を積極的に育ててくれます。逆に窒素の多い土壌、特に化学肥料のアンモニアを与えている土壌においては、根粒菌の役割が存在しないため、当然減ってしまうということが起きます。

最近の研究では、根粒菌はマメ科以外の植物とも共生していることが分かっていますが、この根粒菌が増えることで、様々な植物が生長を加速するということのようです。根粒菌は共生相手がいないと、残念ながら窒素固定は行いませんが、畑においては、マメ科を栽培することで、根粒菌が増え、根粒菌が増えることでマメ科も生長が良くなり、マメ科が育てば土壌もよくなるという、好循環が起きますので、無肥料栽培においてはコンパニオンプランツでよく利用されます。

コンパニオンプランツで使用する場合は、マメ科を完全に育てるのではなく、窒素吸収の激しい生長途中で刈り取り、根に蓄積したアンモニアやアミノ酸を放出させるという方法があります。つまり緑肥的な使い方です。アンモニアが増えれば、硝化菌も増えますし、アミノ酸が直接植物に吸収されることで、植物の細胞構成も加速されるということになりますので、積極的にマメ科を育ててみるべきでしょう。

マメ科が育たないということは、その土壌に空気が少ないということがよく分かります。空気が少なければ根粒菌は増えようがありませんし、仕事もできません。マメ科が育たないようであれば、土壌中の気相が少ないということであり、つまりは植物の根や土壌動物のあまりいない、硬い土である可能性があります。できるだけ多くの植物を育てるか、土壌に空気を含ませる耕起、あるいは団粒化のために有機物のすき込みが必要ということです。

内生菌

内生菌とは、植物の内側に潜り込んだり、表面に生息したりする細菌や放線菌のことです。他の呼び方ではエンドファイトと言いますが、最近では、慣行栽培でもこのエンドファイトの働きを重要視するようになりました。無肥料栽培では、この内生菌の存在を知らなくても、存在するであろうということは、昔から推測されており、主な働きは、人間の常在菌と同じようなものであると考えられてきました。

事実、内生菌は人の常在菌と同じような働きをします。植物の内側に入った内生菌は、例えば、植物を病気にさせる病原菌の侵入を食い止めると言われています。これらの内生菌は子孫に受け継がれていく垂直伝播をすると言われていて、種の中にも潜んでいます。さらには水平伝播もするようで、隣の植物にもこの内生菌が伝播し、病原菌が蔓延する前に、この菌が菌糸を伸ばしながら広がるとも考えられています。また、表面に存在する内生菌は、虫の食害などがあったり、ストレスが与えられたりすると、耐性を向上させ、虫を忌避する化学物質を出すとも言われています。

これは事実、無肥料栽培においては、良く見かける現象であり、一つの作物が虫食いに合うと、その隣の作物は虫に食われにくくなるということがあります。これは、おそらく内生菌が水平伝播しているのではないかと思います。植物の根の周りにもこの内生菌が存在しており、何かストレスがかかると、隣の根に内生菌を利用して情報を伝え、伝えられた作物は、病原菌や虫を忌避する化学物質を出して防御するということだと理解できます。

この内生菌が増えることで、植物は病気や虫に強い性質が生まれるわけですが、そのため、自家採種がとても大事になるということが理解できます。その土壌に多い虫や病原菌の情報が種子に伝わり、また内生菌も胚へと菌糸を伸ばし、種子内部へと侵入することで、その土壌に多い虫や病気に強い作物が生まれるということです。これは遺伝子工学的にも認められている事実です。

実は菌根菌や根粒菌も内生菌であり、病気や虫から守るだけではなく、窒素やリンというミネラルも植物に橋渡しするるとても大切な微生物であることが分かります。

この内生菌を減らすのが農薬です。農薬は良好な関係の菌も殺してしまうことがあり、消毒によって内生菌が減っているのは事実です。つまり農薬を使えば使うほどに植物は弱くなり、さらに農薬が必要な植物になっていってしまうという悪循環が起こるということです。植物にはもちろん、畑にも農薬や除草剤は使用しないのは当然のことながら、その微生物のバランスが狂ってしまうような間違った管理方法は避けるべきでしょう。

この内生菌を増やすためには、やはり植物同士が、連絡が取りあえる環境を作ることです。交配種ではない固定種であれば、それぞれに個体差があり、中には内生菌を多く持った種子も存在します。この種子が、仲間と連絡を取り合いながら、仲間の耐性も強めていくことが期待できます。

連絡取り合えるということは、つまりは、根と根が触れ合える程度に作物を植えておくということにほかなりません。野菜だけをポツリポツリと植えるのではなく、野菜の周りには沢山の他の野菜を植え、同じ野菜同士も、できるだけ近くに植えてあげることです。もちろん、場所の取り合いになってはいけませんので、ある程度の距離感が必要ですが、常に根と根が寄り添う位置にあるかを考えて植えていきます。間引きが必要な野菜であっても、あまり急に間引きせずに、少しずつ間引きしながら、適当な間隔を維持しておくことが必要ということです。

それと、やはり土壌を乾燥させないこと、土壌に紫外線が当たりすぎないようにすることです。土壌が乾燥すると微生物は減少しますし、紫外線でも減少しますので、土を裸にせず、絶えず下草となる植物を、畝の隙間に生えさせておくことです。暑すぎる時は日差しを遮る工夫を、寒すぎるときは保温する工夫が必要です。そして最も大切なのは、余計な資材は使用しないこと、種子は自家採種することです。それにより、圧倒的に内生菌の多い作物を生み出すことが可能です。

腐生微生物の仕事

腐生微生物という呼び方は一般的にはしません。一般的には土壌微生物と呼びます。土壌微生物の餌は、枯葉や枯れた根、あるいは死んだ土壌動物などです。彼らはこれらを餌にし、かつ糞をすることで、土壌中にミネラルを放出していきます。

この腐生微生物が存在しない土壌では有機物は分解せず、つまりは植物が生長に必要なミネラルが存在しない状態になります。植物などの有機物が全くない土壌では、この腐生微生物はあまりいませんので、そんな畑に草などをすき込んでもほとんど分解しません。仮に分解したとしても、それは腐敗でしかなく、むしろ植物が生長するのに障害を起こす有機物にしかなりません。使用する畑がどのように使われてきたかによって、微生物の層やコロニーが全く違うため、同じ有機物をすき込んでも結果は違ってくるので要注意です。

腐生微生物

腐生微生物と一言で言いますが、糸状菌、放線菌、細菌などの総称であり、少し高温域で活動する乳酸菌も腐生微生物と言えます。通常、枯れ葉などの有機物が土の上に落ちると、糸状菌が菌糸を伸ばして、一気に有機物を囲い込みます。糸状菌とはカビなどのことです。比較的大きな菌ですので、葉っぱや茎、枝などの大きな有機物を分解します。枝や茎、あるいは葉の構造体にはリグニンなどの硬い物質やセルロースなどの繊維質のものがあり、これらは糸状菌でなければ分解することができません。

無肥料栽培の畑などで、有機物の分解が速い畑は、この糸状菌が多いということです。この糸状菌は、野菜を病気にしてしまうことも多いため、普通の慣行栽培の畑では敵視され、消毒という名の元、死滅させてしまいます。この糸状菌を死滅させてしまった畑では、どんなに有機物をすき込んでも、植物が生長するミネラルなど作り出せません。ましてや、ミミズなどの土壌動物もいませんので、長い間有機物は残り、それがやがて腐敗して、野菜は枯れていくかもしれません。

無肥料栽培の畑では、この糸状菌が多いので、有機物は分解していきます。しかし、もちろん病気になる可能性もあるわけで、それを防ぐために、放線菌の量も増やしておく必要があります。放線菌は糸状菌が増えすぎないように拮抗するように増えていく菌です。この放線菌は、植物を病気から守る役割もしているのです。

ある程度、糸状菌で分解された有機物、あるいは土壌動物などによって食され糞となった有機物は、今度はバクテリア、つまり細菌が分解を始めます。この細菌が活動始めると、有機物は次第に有機化合物から無機化合物、つまりミネラルに変化していくわけです。

● **糸状菌**：細胞壁などを分解する菌糸を持つ大きな菌。とても有用だが、増えすぎると、作物自体にも被害を与える病原菌ともなり得る
● **放線菌**：有機物を分解する中間の大きさの菌で、同じく菌糸を持つ。糸状菌が増えると、この

放線菌が糸状菌を減らしてくれる。ある意味植物を守る菌。

●細　菌：微生物の中では一番小さな菌で、植物の細胞の最終的な分解菌であったり、ミネラルの運び人だったりする菌。

腐生微生物をどうやって増やすか

腐生微生物を減らすのは簡単です。彼らの餌となる有機物を一切取り除くことで消えていきます。ですので、慣行栽培の畑では腐生微生物は少ないと考えられます。この微生物を増やすのであれば、まず土壌に有機物がたくさんあることです。しかも一時的に存在していてもだめです。日常的に有機物が存在する必要があります。そのため、無肥料栽培では、草をできるだけ抜かないという選択肢を選びます。草を抜かなければ、根が張り巡らされます。この草の地上部を刈ると、根は分解可能な有機物に変わりますので、常時、腐生微生物が存在することになります。

また、腐生微生物が活動しやすい地温である、10度から20度の地温を確保します。もちろん、保水も必要です。そのためにも、畑の草はある程度残しておく必要があるということです。これは、森に習ったことです。森では絶えず枯葉が落ちてきます。こうした土壌をモダー型と呼びます。それに対し、一般的な草のない畑をムル型と言います。このムル型にしないのが一番の方法です。

草を生やしておくと、近隣からのクレームになる可能性もあるため、僕の無肥料栽培では、畝の上だけでも草を残すか、草の代わりに葉野菜の種を蒔くようにしています。畝の上が草で覆われていれば、土壌中の微生物は枯渇しませんので、いざ、有機物をすき込んだ後でも、素早く分解して、すぐに腐植を作り出すことができるということです。

硬い土、重たい土の畑を借りてしまった場合は、とりあえず根が長く伸びる植物を植えておくのも手です。例えば、緑肥であるソルゴーなどを植えておきます。そして1ｍぐらい生長したら、草を刈って土の中にすき込んでいきます。これを早くて1年、長くて3年繰り返すだけで、土は見違えるように変わっていきます。

乳酸菌

なお、乳酸菌も放線菌や細菌と同じ働きをし、放線菌や一般的な細菌よりも、素早く有機物を分解していきます。しかし、一般的な腐生微生物が20度以下で活動するのに対し、乳酸菌は50度以上で活発に活動する菌ですので、通常の畑の地温では、乳酸菌は活動できません。そのため、別途、草を積み上げて、そこに乳酸菌の元になる米ぬかを入れて、温度を上げて有機物を分解させなくてはなりません。

敷草による土づくり

今まで書いてきましたように、土というのは植物が分解して堆積していくことで作られます。植物だけではなく、微生物や土壌動物などの死骸も土の原体ですし、海が隆起した土壌や火山灰土なども土を構成するものです。

耕作者が土を作ることなどできないし、するべきではないのでしょうが、作物を栽培し、それらをミネラルやビタミンの供給源として持ち出していくのですから、それなりにミネラルは枯渇します。本来、動物が実や草を食べたくらいでミネラルが枯渇するはずはないのですが、畑にした時点で、ミネラルを循環させる植物が減り、また持ち出す量もそこそこ多いわけですから、残念ながら、何かしらの手立ては必要なのは間違いありません。その手立てとして、草を刈っては敷いていくという方法があり、それは昔から、自然農法の手段として利用されてきました。

微生物の力で土の中にミネラルが作られていくのですから、植物を畝の上で分解させることで、畑として利用できる肥えた土の畝は作れるというわけですが、実は、僕がこれを実践していくうえで、いくつもの問題にぶつかりました。

ひとつは、畝の上に敷いた草にカビが生えることです。草を分解するためには、最初に植物の細胞を守っている細胞壁を分解しなくてはなりませんが、細胞壁はリグニンやセルロースなどが多く、通常の細菌では分解しにくいため、最初に糸状菌が発生します。これがカビです。草に生えたカビは作物も分解してしまうこともありますし、作物が病気がちになります。もちろん植物に耐性が出来ていれば大丈夫なのですが、無肥料栽培を始めての最初の数年は、この糸状菌によって野菜が枯れてしまうことがあります。

もうひとつは分解が遅いことです。10年単位で待てば肥えた土ができるのは確かなのですが、地表面にある状態では、分解が進まず、土も肥えてきません。問題はこれ以外にもありますが、この問題を解決するために、畝の上で分解させるのではなく、他の場所で分解させる方法が良いかと思います。他の場所で行えば、分解速度を速めると同時に、分解途中でも作物に影響を与えることがありません。それを僕は雑草堆肥という呼び方をしています。

雑草堆肥を作る

雑草堆肥の作り方ですが、まず、必要なのが雑草です。その畑に生えてくる草は、その畑の中のミネラルを吸収しているわけですから、これらの草が必要です。畑の伏流水として流れてきたミネラルを植物がキャッチしたミネラルでもあります。

これだけでも良いのですが、畑の場合、草の種類に多様性がない場合が多いものです。特にイネ科やキク科が多い場合があり、イネ科などは大きく育ってしまうと、なかなか分解しない種類の草です。雑草堆肥として、ミネラルを整えるためには、やはり人の手があまり入っていない雑木林などに落ちてくる落ち葉を利用する方が良いと言えます。雑木林の木々たちは、ミネラルバランスが整ったからこそ育っている樹木ですので、これらの葉の中には、バランスよくミネラルがあります し、色んな樹木があれば、ミネラルの偏りも少なくなると考えられます。

雑木林や広葉樹の山から枯れ葉を集めてきたら、畑の草と共に畑の隅に積み上げます。このまま放置しておけば、長い年月で勝手に土になっていきますが、ここで出来るだけ早く土に戻すために、一工夫します。それが米ぬかと土です。

米ぬかを混ぜることで、たんぱく質や油脂だけでなく、多くのミネラルを供給することができます。植物は種にミネラルをため込みます。これは次世代の種を育てるための彼らの手段なのでしょう。お米の糠の中にも、多くのミネラルがあります。特に、窒素の元になるたんぱく質と、リン酸があります。リン酸は、いわゆるフィチンというものの中に含まれています。イノシトール6リン酸とも言います。リンは、虫が多くいれば供給できますが、人が畑としてその土壌を使用すると、どうしても虫は減ってしまいますので、虫の糞の代わりに米ぬかを使うということです。

米ぬかを混ぜ合わせると、ここに水分が供給されると乳酸発酵が行われます。ある程度温度が必

雑草堆肥の材料

材料

◆ 畑の土 (25%)
分解微生物(腐生微生物)

◆ 枯葉・腐葉土 (65%)
多くのカリウムとミネラル

◆ 米ぬか (10%)
窒素・リン酸

◆ 水 (全体が湿る程度)
分解促進

雑草堆肥のつくり方

つくり方

❶ 枯葉に米ぬかを混ぜた後、土で覆う
❷ 温度を50~60度まで上げる
(土でカバーして温度を上げる)
❸ 温度が下がってきたら切り替えし
(この時、米ぬかがあれば追加する)
❹ もう一度土を被せる
❺ ③~④の作業を5~6回
❻ 3~4か月後に
完全に土になればOK

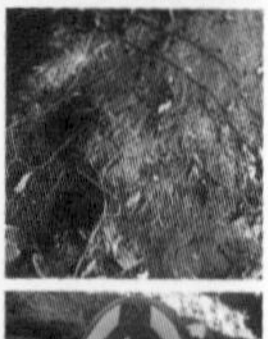

白いカビ(糸状菌)が
全体を覆ってくれば
分解が始まった目安

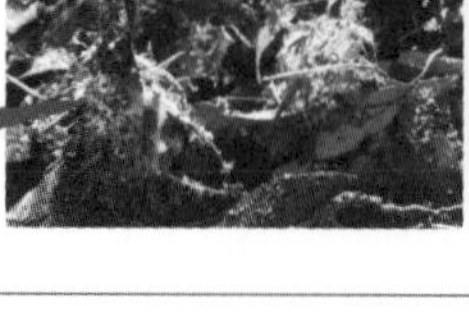

要ですので、冬場は難しいですが、春や夏、秋に仕込む雑草堆肥であれば、乳酸発酵が期待できます。乳酸発酵が起きると、植物の細胞壁の分解が促進されます。

乳酸発酵

本来、この細胞壁を分解するのはカビ、つまり糸状菌なのですが、糸状菌が増えると、その土は病気がちな野菜を作り上げてしまうこともあり、糸状菌もある程度は抑えておきたいのです。乳酸発酵が起きれば、カビの力を使わなくても、草や枯れ葉は分解していきます。50度以上温度があれば、乳酸発酵していますが、あまり高温にしてしまうと、その雑草堆肥中の有効な細菌類の種類も変わってしまいますので、50～60度くらいが適切です。

乳酸発酵で温度を上げるのがたとえ無理でも、時間を掛ければ分解していきます。その場合は、糸状菌が出てきます。カビですので、当然カビ臭くなります。このカビの匂いがしている間は、雑草堆肥は土に戻してはいけません。野菜の種や芽が枯れてしまったりするからです。カビが出る場合は、この雑草堆肥に土を混ぜていきます。畑の土で大丈夫です。つまり乳酸発酵の代わりに、土壌中の腐生微生物の力を借りるわけです。

米ぬかや土を混ぜ込んだ後は、必ず水をかけて湿らせます。雨が降れば勝手に濡れますので、一つの方法としては、屋外に放置しておくことです。人の都合通りに分解は進みませんが、本来自然界は、雨で分解させていくわけですから、それでよいと思います。どうしても人の管理で行いたい場合は、雨の当たらないところで仕込み、乾かないように時々水をかけて湿らせてあげることです。

さて、50～60度まで温度が上がった場合、60度を超えそうなら切り替えしということを行います。平たく言えば、かき混ぜるということです。空気を含ませることで一旦温度が下がります。温度は下がりますが、再び空気が入ることで、発酵、分解が加速します。分解している菌たちは、半嫌気性と言って、少しの空気を利用しながら、有機物を分解する菌だからです。これを全く空気が入らないようにするのを嫌気性と言いますが、嫌気性で分解させると大変長い時間がかかります。空気が入ると好気性の菌が動き出します。これらの菌が、通常土壌中で活躍する菌ですので、少し空気を含ませると良い堆肥ができます。

温度が上がらず、乳酸発酵しない場合でも、基本は同じで、土が乾かないことと、時々切り替えしをして空気を含ませることで分解を促進します。この雑草や枯葉の中には、虫の卵もありますので、虫が湧いてくることもあるでしょう。しかし虫がいることで分解が促進されるわけですから、虫は無視してください。畑にこの雑草堆肥を入れる時に気を付ければよいだけです。

雑草堆肥の完成までの期間

暖かい季節で2～3カ月、寒い季節で3～5カ月すると、草は土のようになってきます。完全な土にはなりません。完全な土にしようと思うと、もっと時間がかかります。ここでは、完全な土にしなくても構いません。なぜなら、有機物が少しずつ分解していく途中過程で利用した方が、長く使える堆肥になるからです。完全に分解が終わっていれば、当然微生物も減っていきますし、ミネラルも流亡しやすくなります。ですので、完全に分解するまで待つわけではありません。

ただし、糸状菌が占領している状態では利用できません。先に書いたように作物も糸状菌で枯れてしまいます。糸状菌が多いとカビの匂いがします。この状態からしばらくすると、糸状菌に拮抗する放線菌が現れてきます。放線菌は植物を守る菌ともいわれており、この放線菌が増えてくると、土は健康な状態になります。放線菌が増えると、糸状菌が減り、カビの匂いが薄くなり、土の匂いに変わっていきます。これが使うタイミングとなります。この時点ではまだ草や枯れ葉は形が残っているものが含まれています。形が残っている枯れ葉、これがいわゆる腐葉土というものです。完全に土化した腐葉土もありますが、一般的には、葉の形が残されているのを腐葉土と言います。

腐葉土になると、今度は細菌、つまりバクテリアが増えてきて、使える土になりますが、先に書いたように、暖かい季節で3カ月、寒い季節で5カ月は待たなくてはなりません。ちなみに、堆肥という言い方をしていますが、これは、僕は肥料とは認識していません。これらはあくまでも微生物を増やしていく過程の土であり、植物を育てるミネラルを直接与えているということではありません。この雑草堆肥、腐葉土を畝に混ぜることで、畝の上で草を分解させるという今までの方法と同じ結果を、できるだけ早く出そうとしているということです。

　さて、これらの、分量に関しては、ある程度は勘を働かせていく必要があります。目安として、草と枯葉が体積で65％、土が25％、米ぬか10％としていますが、温度を上げた乳酸発酵を行う場合は、土を入れずに、米ぬかを35％ほど与える必要があります。

草木灰

　草や枯葉を微生物の力を借りて分解させるという方法を説明しましたが、明治時代、あるいは江戸時代から、農民たちは草を燃やしてそれで野菜や穀物を育てるということをしてきました。昔の人は、化学的に調べることもなく、草を燃やした灰が野菜を育てるための肥料になるということを知っていたわけです。山や空き地の草を刈り、それを馬や牛に食わせて糞を使うという方法はもちろん、馬や牛に食わせられない草は、畑で燃やし、その灰を畑に撒いていたわけです。

　これは化学的にも正しい方法であることは実証されています。草や木の中には多くのミネラルが存在しています。これらのミネラルを取り出すのに、燃やすという方法が、一番時間を短縮できる方法です。なぜなら、ミネラルは燃えないからです。

草木を構成しているのは、炭水化物やたんぱく質です。これらは有機化合物と呼びます。有機化合物は、色々な元素が組み合わさってできています。その一つがC、つまり炭素です。炭素を持っている有機化合物は、通常、火で燃えます。これが自然界の法則です。炭素の塊でもあるダイヤモンドでも粉末にすれば燃えるように、炭素を持つものは、火をつけると炭素と酸素が結びついて燃焼します。この結びつきにより、炭水化物やたんぱく質は分解していき、二酸化炭素などのガスや水蒸気となって消えていきます。

この時、炭素を持たない、いわゆる無機化合物は、炭素と酸素の結びつきがないので、燃えにくく焼け残ることになります。もちろん高温で燃やせば、最終的には燃えてしまうものがほとんどなのですが、無機化合物は燃えにくいため、草や木を燃やすと、無機化合物は焼け残ることになります。つまり、草木灰の中には無機化合物が多く含まれているということになるわけです。この無機化合物の中にミネラルも存在するわけです。ただし、元の物質が持っていた無機化合物の質量から増えるわけではなく、単に焼け残ったというだけです。

微生物が草や木を分解するという活動は、つまり有機化合物を分解し、無機化合物を作り上げるということです。ということは、燃やすということと大変近い活動をしているということになります。

草木灰の成分

草や木を燃やした後に残った草木灰を畑に撒くと、植物はその灰の中にあるミネラルを吸収します。このミネラルの主な成分は、カリウム、カルシウム、マグネシウムです。もちろんそれ以外の、アルミニウム、鉄、亜鉛、ナトリウム、銅、珪酸なども残ります。これらも植物が生長するために必要なミネラルでもあります。微生物の手を借りなくても、このように灰として植物に与えることで、作物の生長を促すこともできます。リンが多く残る草木灰もありますので、リンの供給にも利用できます。

　また、この残った無機化合物、ミネラルの多くはアルカリ性を示す物質ですので、酸性雨や植物が出す有機酸によって土壌が酸性化した場

草木灰

植物は無機化合物（ミネラル）を吸収する

草木 ― 有機物（弱酸性）

（炭素、水素、酸素、窒素、リンの供給）

△ 分解しないとミネラルが使えないので即効性はない

草木の焼却 ― 草木灰（アルカリ性）

（カリウム、カルシウム、マグネシウム、鉄、アルミニウム、亜鉛、ナトリウム、銅、珪酸の供給）

○ 燃やすとミネラルだけが残るので即効性がある

草木を焼却 → 炭素Cを持つので燃える　有機化合物（たんぱく質や炭水化物、ビタミン）　炭素Cを持たないので燃え残る　無機化合物（ミネラル）

合なども、この草木灰で中性や弱酸性に戻すことも可能です。

ただし、注意しなくてはならないのが、強いアルカリ性ですので、あまり大量に与えると土壌が逆にアルカリ性に傾く可能性があるということです。強いアルカリ性になると、微生物も生きてはいけませんし、土壌動物も死滅します。もちろん植物の生長も阻害されます。特にこの草木灰を根の近くに撒いてしまうと、このアルカリ性によって、根も弱ってしまうことがあります。あくまでも、土壌が酸性に傾きつつある場合や、作物の生長が悪いと認められる畑、アルカリ性を示すミネラルが枯渇していると思われる畑で、作付2週間前に、撒くようにしなくてはなりません。うかつに撒き続けると、むしろ土壌は壊れてしまいますので、注意しなくてはなりません。

草木灰の作り方

もう一つ、重要なことがあります。それは草木を燃やす温度や速度です。大きな枝などがあったり、草や枝が湿ってたりする場合、火が着きにくく、くすぶるように燃えることがあります。そうすると、残った灰の色は黒っぽくなり、その中にタールが残ることがあります。タールは植物にも害を与えると言われているので、できるだけタールを残したくありません。しかし、逆に高温で燃えすぎると、必要なミネラルまで燃焼してしまう可能性もあります。市販されている草木灰ならあまり問題はありませんが、基本は自作することですから、燃やすスピードにも気を使う必要があります。

草木灰を作る場合は、まず、草木をできるだけ天日で乾燥させます。晴れた日が3日以上続いた時が良いと思います。草木が乾いたら、畑に穴を掘り、そこに草木を入れて、火を付けます。周りに引火しないように、穴の周りの草は刈り取り、裸土が出るようにしておきます。草木が燃えて炎があがりだして、もし火が2m以上立ち上るような勢いであれば、少し水分のある草を足します。そのために、乾いていない草を事前に用意しておく必要もあります。一通り燃えたら、後は水をかけて消し、火が完全に消えるまで確認したら、晴れの日が1日以上続けば、灰を篩（ふるい）にかけて選別します。つまり4～5日くらい晴れる時に作るのが良いと思います。

水をかけるのは安全のためであり、自然と消えるのであれば、それで構いません。畑で燃やせない場合は、バーベキューなどの器具を使って少しずつ燃やす方法もあります。それも難しければ、薪ストーブを持っている方から灰を手に入れるか、購入することになります。

草木灰の使い方

草木灰は色々な使い方があります。アルカリ性が強いので、アルカリ性で育つほうれん草などを作る畝に事前に撒いておくと有効です。また、アルカリ性が強いので、病気がちな野菜の周りに少しすき込むことで、根の病気を防ぎます。この際、根に直接当たらないように、作物の周りを30㎝

ほど離して、深さ10㎝ほどぐるりと円を書くように掘り、そこに草木灰を入れてから土を被せます。これで植物の生長も促せます。アルカリ性が強いので、虫よけにもなります。

とはいえ、これらに頼りすぎることは避けるべきでしょう。無肥料栽培ですから、こうしたものに頼るという意識は肥料栽培となんら変わらなくなってしまいます。また、土壌をしっかりと分析しないうちから、強い資材を投入するのも危険です。あくまでも緊急避難的な使い方であり、また、作物の生長が悪く、明らかにミネラル不足を感じる時に、作物を作る前に最初に使うべきであり、基本は植物を土壌微生物の力で分解させて土を作るという考えているべきだと、僕は思います。

ボカシ液肥

草木灰と同じく、緊急避難的な使い方のできるボカシ液肥というものも紹介しておきます。これらを与えるということは、つまりは肥料をあたえるということに大同小異ですので、積極的にお勧めするものではありません。しかし、作物の中でも肥料食いと呼ばれる野菜を育てる場合は、ある程度多めのミネラルが存在する状態を作らなくてはいけません。

そもそも、野菜というのは、人の手で種が繋がれてきたものであり、決して自然界だけで作られ

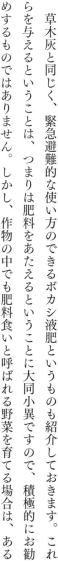

たものではありません。この野菜の種を人の手を掛けないでおくと、結局は草の中でどんどん淘汰されていってしまうものが多いのは事実です。特に肥料食いと言われる野菜は、たくさんの肥料を与えることで形を成している野菜ですので、それらを無肥料で、自然の中で自然が与えるミネラルだけで育てようと思うと、栽培者が想定してるような大きさや形にはなりません。自然農法などでは、そのような状態を受け入れながら、野菜を作っていくのです。

肥料食いと言われる野菜の代表格は、玉ねぎやニンニクです。それ以外でもスゥイートコーンなどでしょうか。そうした作物を無肥料で育てると、つまり自然界の自然なミネラルの量で育てると、決して大きくはなりません。それが普通です。しかし、それでは物足りない、あるいは販売するのは忍びないという場合は、無肥料でも大きく育てる方法をというのを模索していく必要があります。

ボカシ液肥の作り方

その一つがボカシ液肥であり、泥炭ボカシと呼んだりもします。これらは、ある程度の資材を使用しますので、完全に無肥料と呼べなくなる栽培法になりますので、僕がこのボカシ液肥を利用していた野菜は、有機肥料を使用した栽培という風に記載していました。それでも、使う資材は、購入せずに、できるだけ自分で集めたものです。

まず、水苔を使います。沼に行って、水苔をすくい上げ、天日で乾燥させたものです。沼のない場所ですとなかなか手に入りませんので、ピートモスという資材を購入する必要があります。購入する際は、pH未調整のものを手に入れます。

ピートモスは水苔が長い年月で腐植化したものですが、苔は植物を育てる最初に生えてくる植物です。地球が岩で覆われていたころ、岩の上に苔が生えていたはずです。苔は短い根を張りますので、土でなくても育つことができます。その短い根で岩を溶かしてミネラルを吸収し、体内にため込みます。そして雨が降れば水も溜めこみます。水とミネラルがあれば、そこから植物が育つこともできるようになります。つまり苔は、植物を育てるための最初のミネラルの塊であり、窒素を含んでいます。

その他に用意するのが、米ぬかです。米ぬかは窒素とリン酸を含み、発酵させる力を持っています。そして油粕です。油粕には多くのたんぱく質がありますので、分解すれば窒素の供給源になります。そしてもみ殻くん炭です。もみ殻くん炭は、お米のもみ殻を炭にしたものです。炭ですので、アルカリ性を示しますので、ピートモスの酸性に対してpHを調整する能力もあります。

これらが用意できたら、大き目のバケツにピートモスをバケツの1／4ほどまで入れます。それ以上入れると水を含んだ時にあふれますので、抑えてください。そこに体積的にピートモスの2／5ほどの米ぬか、1／5ほどの油粕、2／5ほどのくん炭を入れます。ピートモス50％、米ぬか20％、油粕10％、くん炭20％となります。この4つの資材を入れたとき、バケツの半分以下になるようにしてください。そして最後に水をバケツの8分目まで入れて良くかき混ぜます。

この後、1週間に一度ぐらいかき混ぜますが、夏場ですと、激しく発酵しますので、かなり匂いが強くなりますので、作る場所の周りに民家がない方が良いと思います。バケツには蓋をしておいてください。夏場ですと最初の頃はうじが湧いたりもしますので、必ず適宜かき混ぜて管理してください。うじが湧いても失敗ではありません。うじの力で分解しているだけですので、別にかまわないのですが、あまり心地よくないと思いますので、混ぜるのをお忘れなく。

これを作って、2〜3週間すると、上澄み液は使えるようになります。匂いが強いので、栽培途中に使用するのではなく、あくまでも作付の2週間前に畝に混ぜ込むようにしてくださ

ボカシ液肥の材料とつくり方

泥炭ボカシ液肥（バケツで）

材料　膨らむのでバケツの容量の1/3まで

- ピートモス（50%）
- 米ぬか（20%）
- 油かす（10%）
- くん炭（20%）

つくり方

1. 材料を入れて混ぜる
2. 水をバケツの2/3まで入れる
3. 一週間に一度はかき混ぜる
   材料が浮いてくると、水分量が多いので虫がわきやすくなるので、しっかりかき混ぜる
4. 匂いが強くなったらかき混ぜる

夏場は匂いが強くなるのでベランダには向かない

水溶性のミネラルは溶け出しているので上澄みはすくってすぐ使えるが、沈殿しているものは匂いが消えるまでは使用しない。（おおよそ1年程度）乾かして有機肥料として使用できる。

い。このボカシ液肥は1年ほどすると匂いが全くしなくなりますので、そうなったら、途中でも使用できるようになります。

使っていると水が減っていきますので、減ったら、適宜水を足し込んでいきます。匂いが完全にない状態になったら、つまり半年以上、1年ほどかかりますが、そうなったら、上澄みだけではなく、中の固形物も使用できるようになります。中身も減っていけば、少しずつ足し込みながら利用すると良いと思います。

基本的は水溶性のミネラルが溶けているわけですが、成分としては窒素、リン酸、カリウムもありますし、カルシウムやマグネシウムも存在しています。

なお、これらは、先に書いたように、有機肥料の分類になりますので、多用は避けてください。肥料食いと言われている、いわゆる不自然に育てないと育たないような野菜を作る場合に利用するだけであり、基本はこうしたものは使用しないで栽培できることが重要です。

無肥料の定義

ボカシ液肥は、腐敗するという欠点があります。液肥なので、途中で利用することができるというメリットもありますが、もう少し簡単な米ぬか堆肥の作り方も紹介していきます。ただ、この場合の堆肥は肥料となります。肥料ですから、これを使うと無肥料栽培ではなくなりますが、ひとつだけお断りを入れておくと、ご自身で用意できる有機物を使った場合は、僕は厳密には肥料という呼び方をしていません。無肥料の定義とは何かという点は、「はじめに」で記載しましたが、そこで書いた通り、自宅で鶏を飼い、その糞を利用することをこの本では否定していません。お米を栽培し、そのお米から出る米ぬかやもみ殻を土づくりに利用することは決して悪いことではなく、むしろ循環させるという意味では、正しい選択だと思っています。しかし、第一次産業としての農家であり、作物を販売する立場である場合は、先に書いたボカシ液肥や米ぬか堆肥などを利用した場合は、無肥料と呼ばない方が無難かもしれません。その場合は、自家製の堆肥を使った有機栽培というカテゴリーになると思います。

米ぬか堆肥

米ぬか堆肥は、土がひどく痩せている場合に利用します。ただし、この利用は栽培が順調に進むようなら使用をやめるべきだと思います。過去に除草剤を使用し、草を一切生やしていない畑や、草が生えてくるたびにトラクターをかけて管理している畑では、正直なところ、無肥料栽培を始めても、土が出来上がるまではうまく生長しません。そうした場合、とりあえず野菜が育ってくれないと、土づくりさえ進まないことになりますので、緊急避難的に使用してゆくということで良いと思います。

米ぬかには、たんぱく質やフィチンが多く含まれています。たんぱく質は窒素の元になりますし、フィチンがリン酸の元になりますので、窒素とリン酸の多い堆肥となります。作り方は極めて簡単ですが、失敗することもありますので、注意事項をよく理解してください。

まず、米ぬかともみ殻を用意します。必要量は10坪の畑で、だいたい5ℓずつです。その二つをしっかりと混ぜ合わせます。均等に混ぜる必要があります。混ぜ終わったら水を足します。この水の代わりに発酵液を利用する方法もありますが、発酵液の作り方は後述します。水はだいたい20％までで、それ以上多いと腐敗しますので、ご注意ください。5ℓずつの米ぬかともみ殻ですから、水は2ℓになります。この水を入れて良く馴染ませます。混ぜ終わって、一つまみ握って、水がしたたり落ちない程度で、湿っている感じがすれば大丈夫です。もし、素早く作りたい場合は水分量を60％まで増やします。ただし、腐敗しやすくなりますのでお気をつけください。

湿らせたら、透明のビニール袋に入れます。小分けに入れても構いません。そして空気を押して抜きます。この時、しっかりと空気を抜かないと虫が湧きますので、ご注意ください。グイグイ押して空気を抜いたら、しっかりと封をし、30度程度の場所で発酵させます。嫌気発酵になりますので、中の温度は高くなりません。途中、必ず確認し、虫が少しでも湧いていたら、かき混ぜてからもう一度しっかりと空気を抜きます。カビが生えた場合も同様の処置をしてください。この状態で2週間ほど置いておきます。2週間後に取出し、平たく干して乾燥させます。

匂いがとても強いのでご注意ください。ベランダなどでは干さない方が良いと思います。匂いは、酸っぱい糠味噌のような匂いです。カビ臭いとか腐敗臭がしたら失敗です。失敗した場合は、すぐには使えません。さらに数か月放置して虫やカビが消えるのを待たなくてはなりませんので、廃棄した方が無難です。乾燥した米ぬか堆肥は、袋に入れて冷蔵保存します。

この米ぬか堆肥を、畑やプランターの土に混ぜて使います。10ℓの米ぬか堆肥を10坪の畑全面に撒き、良く耕し、2〜3週間待ってから作付してください。プランターの場合は、30ℓの

米ぬか堆肥の材料とつくり方

材料　10Lの米ぬか堆肥をつくる場合

- 米ぬか（5L）+もみ殻（5L）
- 発酵液（500ml）を水（1.5L）で希釈

つくり方

1. 米ぬかともみ殻を混ぜて、湿る程度に発酵液を加える（水が多いと腐敗するので注意）
2. ビニール袋に入れ空気をしっかり抜く（空気が入らないように重石をする）
3. 嫌気発酵状態で1~2か月
4. 1~2か月後に、天日乾燥させる

病気が出た土のリセットにも使える

- 米ぬか堆肥を土の上に敷き詰める
- 透明ビニールで覆って1か月間放置
- 土に混ぜて、1か月後に作付け

プランターで二つかみほど混ぜ込み、同様に2～3週間後に作付します。これで、窒素とリン酸の多い土が完成します。

発酵液

発酵液は、米ぬか堆肥を作る場合に水の代わりに利用できます。これを使うと発酵が速くなりますので、便利と言えば便利なのですが、材料は自分では生み出せないものだったりするので、ある意味自給自足的に利用するには難しい面があります。もちろん、売っているもので、お金を払えば簡単に手には入りますが、お金を払わないと手に入らないという意味では、僕は積極的にはお勧めしていません。一応、参考までに書いておきます。

発酵液の材料とつくり方

材料　500mlの発酵液をつくる場合

- お湯 (35度) 450ml
- ドライイースト 3g
- ヨーグルト 40g
- 砂糖 20g
（ヨーグルトが加糖の場合は入れない）

つくり方

❶ 材料を入れてよくかき混ぜる
❷ 35度※で保温して2~3日発酵させる
❸ ぷくぷくと発酵してきたら成功
❹ 完成したら米ぬか堆肥に混ぜる

※ 一定の温度を保つため、発酵器を使うか、こたつに入れる

材料は35度程度のぬるま湯、ヨーグルト、イースト菌、砂糖です。ぬるま湯500㎖の場合は、ヨーグルト40g、ドライイースト3g、砂糖20gを入れ、かき混ぜます。これを温度35度程度の場所で保管し、2～3日発酵させます。プクプクと発酵してきたら、この500㎖の発酵液を水で4～5倍に薄めて利用します。4倍に薄めて2ℓにし、先に書いた10ℓの米ぬか堆肥の水の代わりに利用すると、発酵が早まり、失敗する可能性が少し減ります。

第3章

土壌の成り立ちと分析

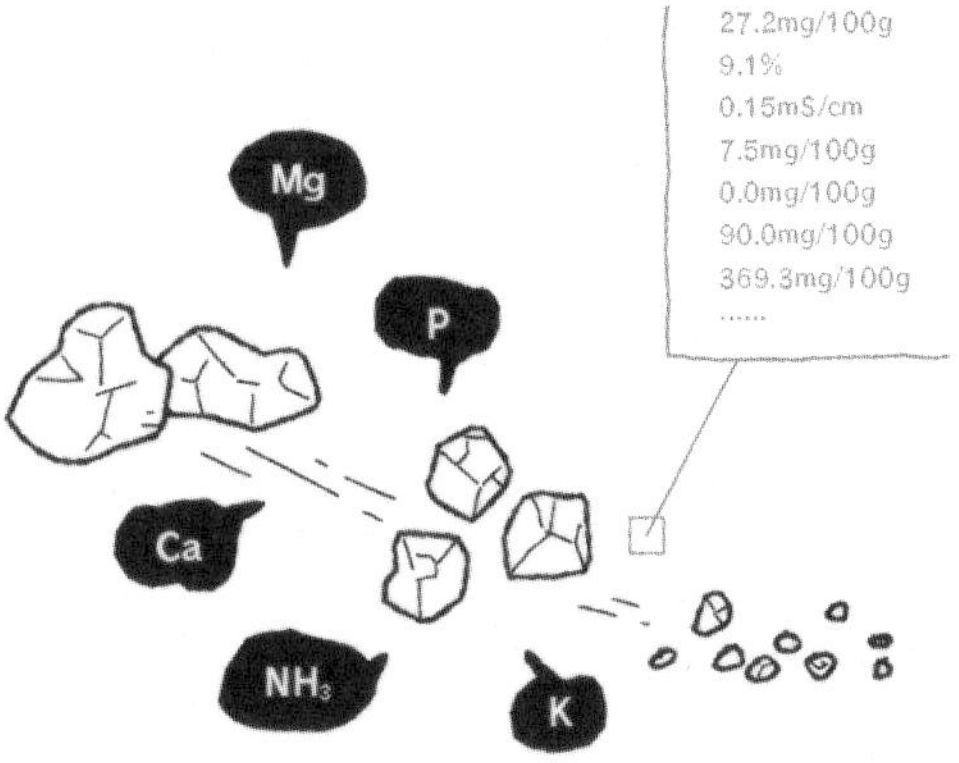

無肥料栽培が成功する畑と失敗する畑

無肥料栽培を人に教えるようになってから、既に6年という月日が経ちました。最初は自分の畑に来る研修生に教え、その後、小さなセミナーを開催したり、プランターを使用した連続セミナーなどを企画したりして教えてきました。3年前からは、個人指導も行うようになり、教える僕の方も多くを学んできました。特に、全国の畑を周りながら、その土地の土壌を見て、あるいはその土壌で作付してみて、その違いに驚くと共に、非常に多くの経験をさせていただいています。

今まで作付してきた場所は、全国で約30か所の畑。北は宮城県仙台市、南は佐賀県佐賀市です。個人の畑を周った回数は、２００カ所を超えており、全て別の地域、別の畑です。様々な作物が植えてあり、その成長も様々でした。そんな様子を見ているうちに、一つの栽培法だけで、すべてを語ることはできないということに気づきました。同じように作付しているのに、全く結果が違ってくる。トラブルが起きるたびに対処していくのですが、その結果も全く違ってきます。

同じ種で同じように育てているのに、片や本葉が10枚、片や2枚。それは気候の違いや、管理を任せている人の経験則の違いもあるでしょうが、やはり土壌、あるいは土、土の中の微生物、土が持つミネラルが関係しているのではと思います。植物を育てるのは、ある種、成長ホルモンです。成長ホルモンさえ出させれば生長するというのも事実ですが、その成長ホルモンがしっかり出る畑の土壌と、出ない畑の土壌があるのです。それは管理方法だけで左右されるものではありません。

経験から考えられる原因は、土壌の出来方、土壌の歴史であると直感しました。その地域の土壌がどのようにして出来上がり、そしてどのように使われてきたのか。長い視点での使われ方と、短期的な使われ方の両方です。

僕の栽培法は無肥料ですから、そうした土壌の違いというのが、作物の生長に直結する場合が多く、慣行栽培のように、肥料を整えてあげ、農薬で病気を防いであげれば、どんな土壌でも

無肥料栽培が成功する畑と失敗する畑

育ちの良い畑（岡山県）

山間を切り崩して平らにした畑

育ちの悪い畑（佐賀県）

平野部を開墾して住宅地となっていた畑

とりあえずは育つというものではありません。

自然の原理原則

無肥料栽培というと、多くの方が「そんなことができるわけがない」と考えます。事実、無肥料で栽培すると、失敗する例は数多いものです。実際に、全国を周ってみると、失敗している人の数がとても多いことに驚きます。その理由は多岐に渡りますが、多くの場合、栽培者が自然の原理原則を理解していないことが原因であったりします。

栽培者とは、無肥料栽培を行う人だけの話ではなく、その畑を以前使用していた慣行栽培の人や有機栽培の人であることもあります。つまり、栽培者が畑という土壌を壊しているがために、自然の原理原則が働かない場合も考えられます。

土壌を壊すと言ってもピンと来ないかもしれませんが、実は土壌中のミネラルのバランスや微生物のコロニーは大変センシティブであり、壊れやすいものです。人の思い込みや都合だけで、うかつな施肥や耕運を行うだけで、あっという間に壊れていきます。壊れてしまった土壌は、元に戻るには何十年という歳月が必要です。それがほんの少しであったとしても、微生物のコロニーが破壊され、それが戻るまでには2年かかるとも言われているのですから、大きく壊れてしまえば、そう簡単には修復できないのです。

ところが、その土壌が出来上がった長い歴史によっては、腐植を増やす努力もせず、どんなに耕そうが、散々草を抜き取ろうが、土が痩せない場合も事実存在しています。もちろん、ちょっとした播種や定植の遅れ、苗づくりの失敗、管理不足で失敗する野菜はあるでしょうが、大きな失敗をしない限りは、概ね育つ場合があるのです。これも大変興味深い経験でした。

『無肥料栽培を実現する本』では、どのような畑であろうが、栽培が成功する方法を書いてきました。しかし、この土壌が壊されていないという大原則のことをしっかりと説明していませんでしたので、その部分を書いてみようかと思います。土壌がどのような歴史で出来、どのような経過を辿ってきたのかを知り、どうすればスタート地点に立てるかという話です。

これは、良い畑を見つけ出す手段にもなります。これから畑を借りようと思う人は、この土壌の歴史について調べ、自然の原理原則を知ることで、最初からポテンシャルの高い畑でスタートできます。ポテンシャルが高い畑から始めると、最初の1年で栽培が成功し、一度成功すると、2年目からは、原理原則さえ頭に入っていれば、失敗する可能性は減ります。最初の1年目に失敗すると、栽培者自身のポテンシャルも下がってしまいますし、土壌のポテンシャルも上げることができません。つまり最初が肝心ということです。

まずは、土壌の歴史について説明していきましょう。

土壌の歴史

自然界では、土壌のミネラルが循環しているのは間違いなく、一般的な見方としては、この循環が途切れる事が最も問題ということになります。窒素や炭素、リンを始め、カリウム、カルシウム、マグネシウムなどは地球上で循環しており、それが、地球が生きているということにも繋がります。

そもそも土壌は、ミネラルを動物に供給するためだけにあるわけではありません。語弊を覚悟でいえば、単にミネラルの循環の中の一過程として、土が存在するだけです。正確に言えば、土はミネラルの一時保管庫と言えます。

動物は山に住み、植物がため込んだミネラルで生きながらえて来ました。そして、植物の拡散の補佐役として、種の運び人を請け負ってきたわけです。ミネラルの循環によって作り出されてきた平野部へと移動した人間は、その土壌を利用しているに過ぎず、植物に何かを与えて生きているわけではありません。ただ、植物の種を残す補助役としては、一番活発な動物なのかもしれません。雑草の種を拡散するだけではなく、野菜の種を世界中に拡散しているのは人間です。植物が世界中に拡散されるということは、つまり多様性を手に入れるということに他なりません。そういう意味では、人間は植物にとっては必要な存在なのでしょう。

土がミネラルの循環の一過程として存在するという事であれば、その土壌が循環という過程の中で、どの位置にいるかという事がポイントになってきます。つまり、そのミネラルの一時保管庫としての土壌という器に、何％程のミネラルが蓄積されているのかという事です。ミネラルはオーバーフローすれば次の過程へと進みますが、５％保管されている土壌と95％保管された土壌では、状態は全く違うと想像できます。５％なら、なかなか肥えない土壌となり、95％なら、何をやっても痩せない土壌になります。

森を開墾した畑

一例を挙げれば、広葉樹の多い森を開墾して畑にすれば、その土壌からミネラルが枯渇する事はあまりありません。おそらくゆっくりと減ってはいきますが、地上部には長い間、循環を繰り返している樹木があり、その循環で蓄積したミネラルは、枯渇しにくいと考えられます。仮にその山を切り崩し、地中深い土壌を表面に出してしまったとしても、その土壌のミネラルは深いところまで浸透している可能性があり、その循環が止まる事はないと思います。もちろん、それなりの溶脱があり、地下水へと流れていってはいますが、それが循環というものです。

ですが、森を開墾してできた平野部に、数千年という長い期間、人が住んでいたとすると、ミネラルが枯渇する可能性があります。人が住む事でその土壌には必要な量の植物が植えられなくなり、ミネラルが溶脱し、流亡し続け、その土壌はミネラルの一時保管庫としての役割を終えるからです。たとえそこに樹木が植えられたとしても、針葉樹であったり、あるいは、植生として針葉樹が生えてくるような土壌に変わってきたりすると、その土壌のミネラルは増えることはなく、作物は育ちにくくなります。ミネラルが溶脱すると、アルミニウムのような植物にとっては有害になり得るミネラルが蓄積し、植物の生長を阻害する可能性が出てくると考えられるからです。こうした土壌で、作物を作る場合、何かしらのミネラルの供給が必要となります。つまり無肥料栽培が難しい土壌という事です。

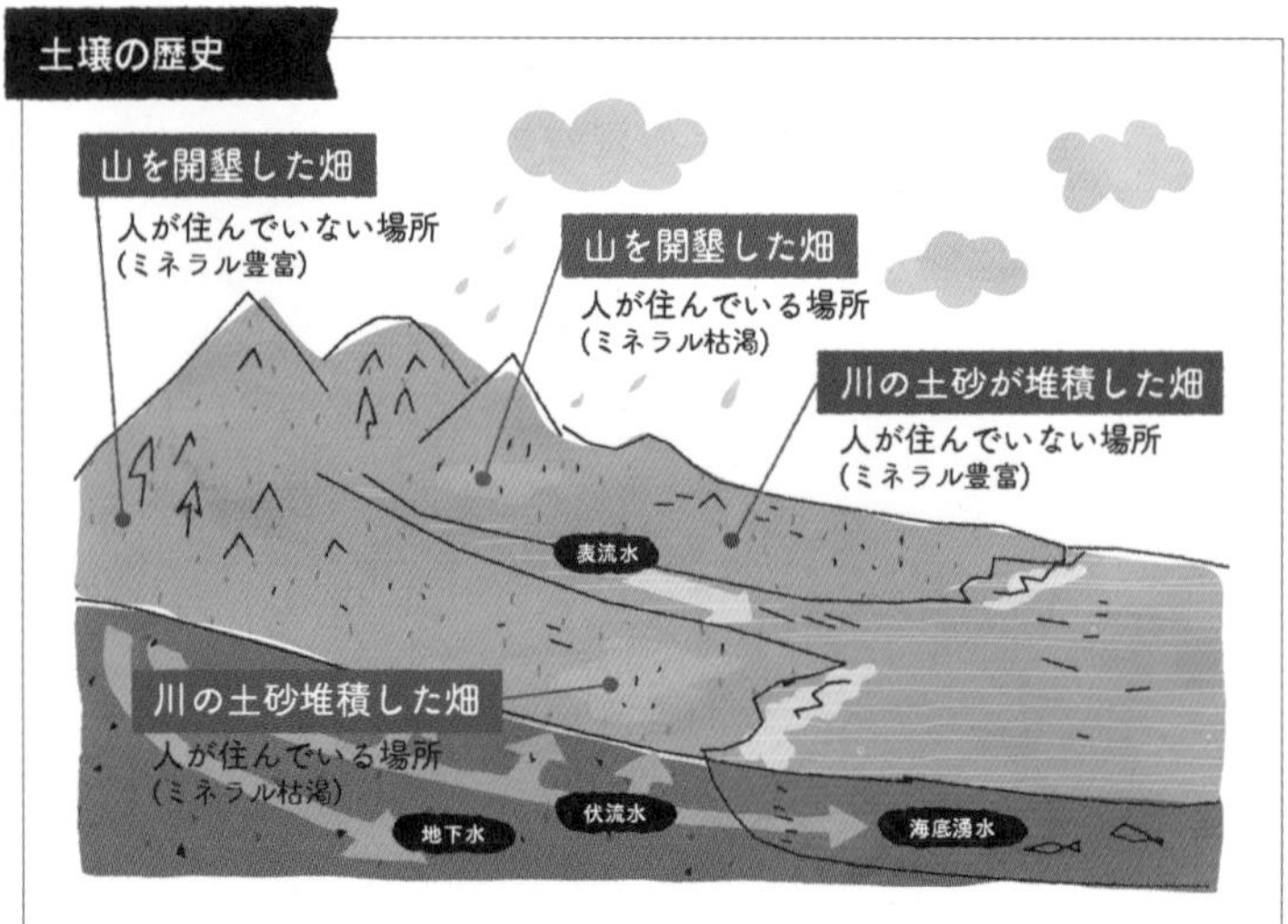

川の土砂が堆積した畑

森を開墾したのではなく、川から流れてきた土砂が堆積してできた平野部の場合はどうでしょうか。人が住むことがなく、植物が芽生え続ける環境を維持していれば、その土壌は痩せることはあまりありません。なぜなら、ミネラルは常に山から供給されてくるからです。

しかし、やはり人が住むために治水し、植物を植えない環境にしてしまえば、その土壌は痩せていきます。扇状地なのか海辺なのかでも多少は違いますが、数百年という歳月で土壌は少しずつ変わっていきます。この土壌を元に戻そうとしても、どのくらいの期間で壊れてきたのかによって、簡単には復元できるものではありません。

これらは単なる一例ですが、だからこそ、その土壌の歴史を知る必要があるということです。その土壌の歴史を知らなければ、ミネラルの循環が起きているか否かは、予測できないのです。

土壌へのミネラルの供給

現在、作物を栽培されている日本の平野部の4割近くは、火山の噴火によって堆積した火山灰土に、川を流れてきた山のミネラルや、そこで育った植物が作り出した腐植が豊富に含まれた土壌が多いようです。

平野部のミネラル循環

もともと、日本は火山国であり、平野部はほとんどなかったと言います。その火山に雨が降り、降り注いだ雨が川となり、浸食された土砂と一緒に海へと流れていったのでしょう。本来、海に近い川の川幅は、豪雨や長雨時には数十㎞はあったはずです。川で運ばれた土砂が堆積し、その上に人が住み始め、堤防やダムを作って治水し、川と居住区域を分けてきたに過ぎません。ですから、豪雨の時に大きな被害が出る事があるというわけです。

日本の多くの山は噴火を繰り返していました

土壌へのミネラル供給

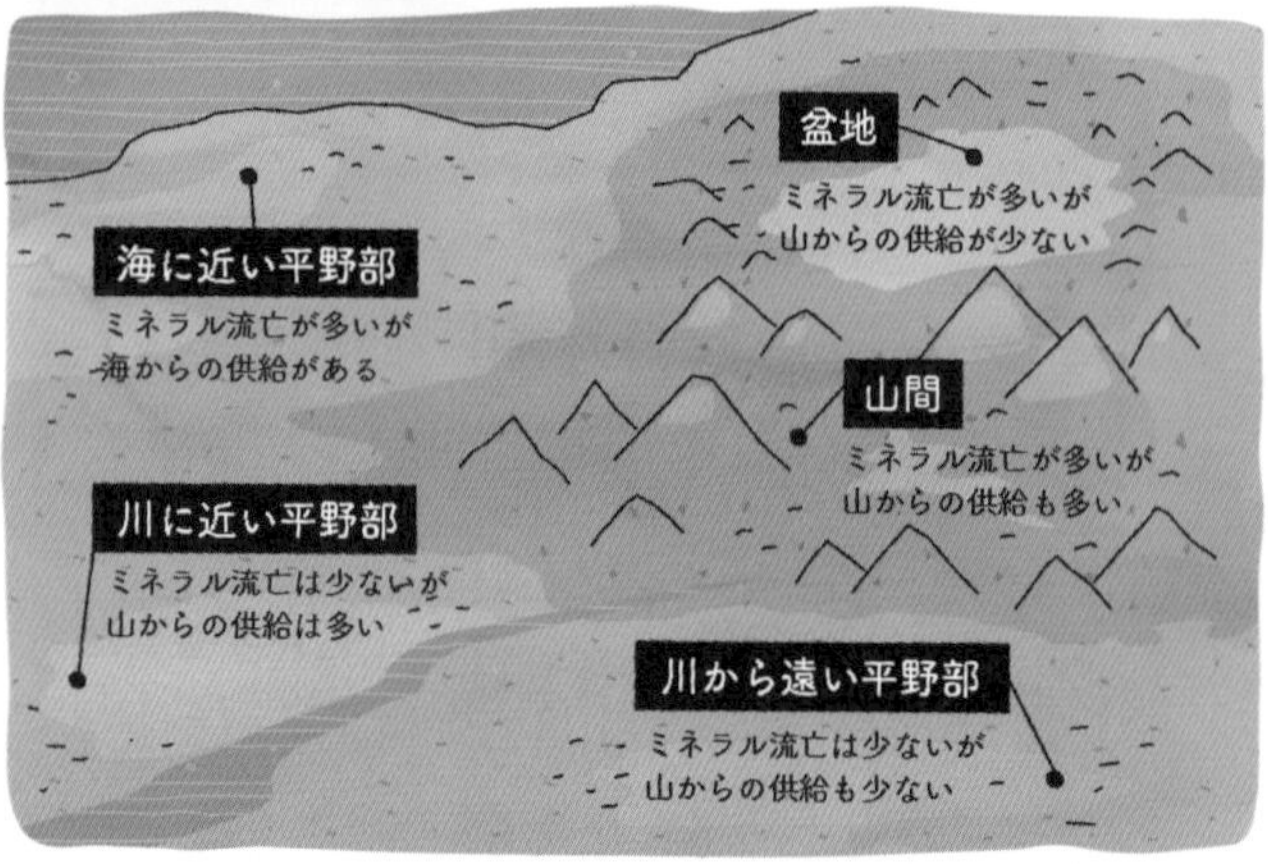
盆地
ミネラル流亡が多いが
山からの供給が少ない
海に近い平野部
ミネラル流亡が多いが
海からの供給がある
山間
ミネラル流亡が多いが
山からの供給も多い
川に近い平野部
ミネラル流亡は少ないが
山からの供給は多い
川から遠い平野部
ミネラル流亡は少ないが
山からの供給も少ない

が、噴火が収まると、広葉樹と常緑樹が入り混じった豊かな山に変わっていきました。そして、その広葉樹や常緑樹が土壌中のミネラルを吸収し、長い年月と植物の力で、土壌表面のミネラルバランスを整えてきました。そのミネラルが川となって流れてきて堆積した平野部は、当然、素地としては豊かな土壌のはずです。

そのままであれば、その土壌は緑豊かな、何でも育つ土壌なのですが、問題は、その後のミネラルの循環が続いているかどうかです。ミネラルの自然流出は少なくても、栽培でミネラルを吸着し過ぎ、ミネラルの補充が十分ではないと土壌は痩せていきます。人は、土壌のミネラルを使用することはあれ、供給することの少ない生物です。人が平野部に住み始めれば、その土壌はミネラルの流亡が多くなるということです。ですので、その後、自然の力を利用し、どのようにミネラルを供給していくかがポイントになっていきます。

山間の畑のミネラル循環

丘陵や山地の侵食によってできた山あいの平野部であっても、その土壌ができた歴史はあまり変わりませんが、山あいは、その後のミネラルの流出度合いが一般的な平野部とは違い激しいと想像できます。常に地下水、伏流水、表流水によるミネラル流出のリスクを負っているということですが、山に近い分、流れてくるミネラルも多いので、そのミネラルを留めておければ、土壌が痩せることはありません。つまり山あいでは、ミネラルを供給するというより、ミネラルを留めておくかがポイントとなるということです。

盆地でのミネラル循環

では盆地はどうでしょうか。盆地は平らな山です。盆地も火山の噴火によって堆積した土壌が基本ですが、元は樹木が生い茂り、ミネラルは供給されていました。しかし、人が開墾してきた歴史から、土壌のミネラル流出はかなり多いはずです。しかも、供給源も少ないと考えるべきです。周りの山からのミネラル供給はもちろんありますが、どちらかと言えば、盆地は高いところにあるものですから、雨によってミネラルは海へ海へと流れていってしまうかもしれません。ですので、盆地では、現時点でどのくらいミネラルを持っているかがポイントであり、人の手によって補充していくという方法を考えていく必要があるのかもしれません。

このように、平野部の出来た歴史が重要なうえに、その後その土壌はどのように使われて来たか、そしてどのようにミネラルを補充していくかが問題となるわけです。自然界のミネラルの供給源を断ち、人為的にミネラル供給を行えば、土壌の地力は下がっていきます。かと言って、現代の生活を維持していくためには、人の手で開墾し、ミネラルを使い続けながらも、自然界からのミネラル供給源だけにたよる事も難しいと考えられます。

大切な事は、自然界がどのようにミネラル供給を行い、どのように流亡を防いで来たか、そしてそれを実現するために、どのような生物のコロニーを作り上げて来たかを知る事ではないでしょうか。それを模倣するのがもっとも得策ではないかと僕は思うのです。

土壌の種類による違い

火山灰土と黒ボク土

日本は世界でも有数の火山灰土国です。国土の1／4は火山灰土で出来ているそうです。この火山灰土は、もちろん、火山の噴火で噴出した地底のマグマが、冷えて固まり、風化して土壌化したものです。このマグマが地底のどの地点から噴き出したものかによって性質は違いますし、火山近くか遠くかによっても違います。

重いマグマや、地下深いマグマが、火山の噴火の勢いで飛び出したものであれば、金属系のミネラルが多く、厄介な性質を持ちます。例えばリンが枯渇している上に、アルミニウムが多いという性質です。アルミはリンと反応しやすく、リンが枯渇してるからとリンを投入したところで、可給態リン酸（植物が使えるリンの形）にはならず、作物は使えません。しかも、こうした土壌は微生物が存在しない上に、酸性化していて、どうにも作物は育ちません。この土壌に肥料を投入しても、当初は効果があるかもしれませんが、土壌の状態はどんどん悪くなり、やがては作物栽培自体を放棄することになるかもしれません。

ところが、この地に人が住むことがなければ、やがて苔が生え、草が生え、樹木が生える事で土壌の状態は良くなり、長い年月がかかりますが、作物が育つ環境が作られていきます。外からやってくる、つまり雨や地下水などで流れてくるミネラルを、火山灰土に生えた苔がキャッチし、体内に溜め込み、かつ保水する事で、植物が育つ環境を作り上げていくからです。

しかも、雨や地下水で流れてきたミネラルの中には、アルカリ性に導くカリウム、カルシウム、マグネシウムも含まれています。それを流れていってしまう前に植物がキャッチし、土壌に蓄積していきます。植物が育てば、虫も発生して、糞によりリン酸の供給が始まります。やがて微生物や植物の根や葉で土壌は中性となり、畑として利用できる状態になるわけです。

こうしてできた土壌で、最もよくみられるのが関東平野などにみられる黒ぼく土です。これらはとても有機物が多く、肥沃な土壌と言われてはいるのですが、人が住み、樹木を植えずにおく場所が多く、関東でも山際や、山を切り出した場所以外は、とても痩せた土が多いものです。

さて、その火山灰が深いところからではなく、地下の浅いところに溜まったマグマ溜まりであった場合は、どうなるでしょうか。実は全く状況は異なります。マグマ溜りは、マグネシウムの多いカンラン石や輝石、カルシウムの多い斜長石などが晶出するため、植物の生長に欠かせないミネラルが含まれています。つまりマグマ溜まりが噴出してできた土壌であれば、早い段階で豊かな土壌になっていくということになります。

このように、マグマが地下深いところから噴出したのか、浅いところからなのか、いつ出来上がった土壌なのかなど、自分の畑の土壌の歴史を、知る事が重要だということが分かるでしょう。この点が明確になると、その土壌が肥える土なのか痩せる土なのか、分かってくるのです。

もし、自分の畑の土壌が、金属系のミネラルの多い、いわゆる痩せた土なら、通常の施肥をしていたのでは、絶対に土は良くなりません。いや、むしろミネラルを与えなければと考えすぎると、状態が悪くなるかもしれません。この土壌を肥えさせるには、微生物を増やすことの方が大切です。微生物が増えれば、土壌は中性になっていきます。そして自ずとミネラルバランスも整ってきます。

逆に、ミネラルバランスがすでに整った肥えてる土なら、このまま自然の原理原則に則った栽培を続ければ土壌は痩せません。つまり無肥料で野菜を作り続ければよいという事になります。

ちなみに、この土壌が多いのは、関東平野とそれ以北であり、南に下ると、鹿児島や熊本などの火山のある地域でしか見られません。

赤黄色土・褐色森林土

黒ボク土の次に、畑として良く見かける土です。この土は台地や丘陵地にある土壌で、元は山だったところと想像できます。こうした場所は、先に書いたように、水はけが良好な分、ミネラルの溶脱、流亡がある場所であり、ミネラルが不足がちな土壌です。植物が枯れて分解し、腐植となるべきところで、下へとどんどん流されていく場所ですので、肥料を与えたとしても、与え続けないと、作物が作りにくい畑になりがちです。

こうした土壌であれば、先に耕作していた人が、どのような使い方をしていたかがとても大切になってきます。もし化学肥料を多用し、草一本生やさない状態で管理していたとすると、先に説明した腐植と言われるものが存在せず、ミネラルは完全に枯渇しています。もし有機栽培をされている場所ならば、少しばかりの腐植はあると思いますが、無肥料栽培にとっては大変難しい土壌と言えます。

この地が利用されておらず、何十年も放置されて草が生えているような場所であれば、無肥料でも栽培できる可能性があります。植物があることで土壌動物が棲み、微生物も棲みだしますので、枯れた草が腐植を作り出しています。

ですので、過去の使われ方がとても大切だということです。もし、状態が悪いようであれば、緑肥栽培という手法で、まずは土づくりをするのがお勧めです。このやり方に関しては後述しますが、収穫しない植物を栽培し、その草を砕いてすき込むことで、腐植を作り出していく手法です。いきなりすべての畑で緑肥栽培を行うのではなく、少しずつ改良していけばよいのではないかと思います。緑肥以外の畑では、本書や『無肥料栽培を実現する本』に書かれている栽培方法が参考になると思います。

この土壌は、全国で見られますが、主に東海以西の、平野部で多い土壌です。

岩屑土

山や丘陵地を切り崩した土壌の場合、この土壌が多く、褐色森林土とは違って、少し掘ると、とても固いがれきのような土が出てくる土壌です。これらに土壌は、四国や中国地方に多く、東北以北では少ない土壌です。斜面では樹木も少なく、ミネラルも溶脱しやすく蓄積しにくいうえに、その土壌を切り崩して平らにしただけですので、人が住む分には利用可能ですが、畑にしようとすると、人が人為的にミネラルを補ってあげる必要がある土壌と言えます。

また、この土壌では、硬いがれきのような土に阻まれ、野菜の根では突き抜けるのが難しく、果樹園に利用されることが多い土壌です。腐植も少なくなりますので、このままで無肥料栽培ができるかと言えば、なかなか難しいところです。そもそも、無肥料栽培は人の手が入った土壌では難しいと考えるべきですので、そのまま種を蒔けば育つと考えるのは早計です。

こうした土壌は、まず、土壌の質を変えていくということが必要です。これも、先の褐色森林土と同じく、緑肥栽培などで土壌を肥えさせ、硬いがれきを避けるために、畝を高めにするなどの工夫を行いながら栽培を行うべき土壌です。時に水はけも悪くなる場所がありますので、水の流れを確保するために、水路的な明渠（側溝）を施しながら、畑を設計していくことになります。また、地温が下がり気味になりますので、下草として草を刈り取らずに残すという策も必要になってくるでしょう。

グライ台地

グライ系の土壌は、粘土質の土壌であり、土がとても冷たいのが特徴です。沖積地、いわゆる新しい土壌に多く、排水が不良であるのが特徴です。こういった土壌は、盆地に多く分布しており、あるいは盆地以外でも、扇状地近くよりも、海に近い方で見られる土壌です。もともと水はけが悪い、というより水が集まりやすい場所がこの土壌になりがちで、粘土質になるのは、やはり腐植がないからです。水はけが悪く、ミネラルは流れてくるものの、微生物が棲むには条件が悪く、ミネラルは残りにくいと考えられます。

微生物がいると、植物を分解し、その分解した腐植がミネラルを吸着するのですが、それがなかなかなか起こりにくいと考えられるわけです。水はけが悪いと地温も下がりがちで、ますます微生物や土壌動物がいなくなるため、土壌が生物によって耕されることがなく、硬くて締まった土になります。

こうした土で無肥料栽培を行う場合は、まず、水はけをよくする必要があります。水が滞留しすぎると、土が冷たく空気がないため、微生物が減ってしまうので、地温を上げる必要があるということです。地温を上げるためには、畝の横に溝を掘るか、畑の外周に溝を掘って、水を外に排出します。いわゆる明渠と言われる側溝を作るわけです。

あとは、微生物を増やすために、多くの植物の種を蒔いて、微生物の餌を増やすことが必要です。雑草や枯葉を使い、土壌中にすき込むのも良い方法ですし、緑肥栽培も効果的と思われます。とにかく、土が冷え気味なのが一番の問題ですので、地温の確保のために、腐葉土を作り、それを土壌にすき込む方法で改良していく必要のある土壌ということです。

これらの土壌では、稲作に適しているため、畑よりも水田に利用されることが多いようです。

泥炭土

泥炭土は、湿地帯が元になった土壌であり、水苔が生え、それらが腐植化した土壌です。泥炭自体はミネラルが多く、良好な土壌なのですが、水もちが良すぎて、時に作物の根が空気不足になりがちです。畝を高めに作って、水はけを良好にすれば、無肥料栽培には向いている土壌と言えます。

砂丘地

粗粒質の土のため、水はけが良すぎる傾向にあります。砂自体はミネラルを吸着する力を持っていますので、畑としては使いやすい土壌で、草を刈り取ってはすき込むことを繰り返していくことで、作物の生長は良好になる可能性があります。しかし、問題は水ですので、水を引けるような施策を考える必要のある土壌です。

土壌分析と保肥力

畑の土壌を知るには、その土壌の歴史を知ることです。長期的な歴史、つまりこの土壌がどのように形成されてきたのかと、短期的な歴史、耕作者たちがどのような使い方をしてきた畑なのかを知る必要があるのは、お分かりいただけたと思います。

それともう一つ、参考になるのは、やはり化学的に分析した結果から、その土壌の状態を推測することです。そのためには、土壌診断を行ってみるのが手っ取り速いのですが、土壌診断したところで、施肥しないのにと思うのは早計です。この数値をもとに、その土壌の性格を知り、あるいは歴史を知ることができるからです。

　では、土壌診断書の説明をしていきます。

pH

　先に説明しました通り、土壌の酸性度、アルカリ性度を表す数値です。0が酸性、14がアルカリ性、7が中性です。H_2OとKCIがありますが、一般的にはH_2Oの方を参考にします。乾土を水に溶かして計測したものです。水素イオンとして水に溶けている水素イオン濃度を計測するわけですが、現代の野菜の多くは、pH6～7辺りで育つものが多く、微生物や土壌動物も中性を好みますので、そのあたりの数字であるのが望ましい土壌です。

　もし酸性に傾いていれば、それはアルカリ性のミネラルが少ないということが分かります。ここでいうアルカリ性のミネラルとは、陽イオンと記載されているカリウム、カルシウム、マグネシウムなどです。これらの陽イオンが少ないと、土壌は酸性に傾きます。酸性になる主な理由は、植物が放出する有機酸、もしくは窒素酸化物や硫黄酸化物が混じる酸性雨が原因となります。それらにより、特にカルシウム分が溶脱するのが原因とされています。ですので、酸性に傾いている場合は、通常の栽培では石灰（炭酸カルシウム）を投入するわけですが、無肥料栽培では、前述したとおり、植物の根を分解させること、もしくは草木灰などで調整します。

この値がアルカリ性の場合は少々厄介です。多くの場合、前耕作者が石灰を大量に撒いていたとか、鶏糞などを多量に施肥していたという理由が多いでしょう。これを中性に戻すのは簡単ではありません。畑の草を刈って裸にして、酸性雨が降るのを待てば中性に戻る可能性はゼロではないですが、そうすると、植物が生長するために必要なほかのミネラルも溶脱する可能性がありますし、微生物も減っていくことでしょう。そこで、有機酸を放出するアブラナ科の植物、例えばカラシナなどを栽培したり、クリーニングクロップと呼ばれるソルゴーなどを育てたりして、カルシウム分を溶脱させる、あるいは抜き取り、中性に戻す努力をしますが、大変時間がかかります。その他に、酢を希釈した水などを散布する方法などを検討します。

EC

EC（Electric Conductivity）は電気伝導度のことを言います。一般的には土壌中のイオン濃度の総量を数値化したものです。先に説明したとおり、ミネラルはイオン化しています。逆に言えば、イオン化していないと植物は使用できません。植物が使用する窒素の多くはNO_3^-というイオン化した形でなくてはなりません。いわゆる硝酸態窒素です。植物によってはNH_4^+というイオンで吸収するものもありますが、これがアンモニア態窒素です。この－とか＋が付いていることで分かると思いますが、つまりミネラルはマイナスの電子を一つ手放すか、多く保有することで－か＋に帯電した状態、性格にはイオン化した状態で土壌に存在し、イオン化しているからこそ土壌中で動くわけです。－や＋に帯電して動くということは、つまり－の電子が足りないイオンが＋を求めているわけで、土壌中で電子が移動することになり、電気が流れているという状態になります。

陽イオンや陰イオンが多いと、このECという数値は大きくなり、つまりはミネラルが多いということになるわけですが、残念ながら高ければよいというわけではありません。ミネラルは量よりもバランスの方が重要であり、この－と＋のイオンがうまく釣り合っている状態でなければ、ミネラルの吸収が悪くなります。ある一つのミネラルが多すぎると、それに拮抗する別のミネラルの吸収が悪くなるということがあるので、この数値は、0.2～0.4mS／cmが適切とされており、最大0.1～0.5mS／cm内に収まっている必要があります。それ以上かそれ以下ですと、ミネラルの吸収阻害が起きます。

この値を変えるのにはミネラルのバランスを取るということが必要になります。この数値が低ければ、ミネラルが少ない、特に硝酸態窒素などの窒素成分が少ないという予想はできますが、この数値だけで何か対策するということではなく、それ以下の実際のイオンの状態を考慮しながら、畑の状態を把握していきます。少なくとも、0.1を下回ったり、0.5を超えたりするような畑ですと、そのまま何も施さずに無肥料で野菜を作っても、失敗する可能性は高いわけで、肥料を与えるわけではありませんが、窒素を増やす土づくりが必要であるという目安にはなると思います。

硝酸態窒素

硝酸態窒素は、植物が利用できる形態の窒素のことです。多くは硝化菌というバクテリアが作りだすミネラルです。これらの元になるのがアンモニア態窒素であり、これも空気中から窒素固定菌が固定するか、有機物、特にたんぱく質がアミノ酸に分解された後に放出されるアンモニアを、バクテリアの力を借りて硝酸態窒素に変えて利用します。

この硝酸態窒素の量が少なければ、植物はアミノ酸を生成できずに枯れてしまいますので、土壌中にどのくらいの硝酸態窒素が存在するかは、土壌がどのくらい植物を育てる力があるかどうかを見定める指標となります。

草が生えて朽ち、生えては朽ちることを繰り返していれば、土壌中には窒素は多く含まれるようになりますし、窒素固定菌などの菌が増殖するように、マメ科の植物などが生えてくれれば、土壌中には窒素が増えていきます。もし、この数値が低いとすれば、なにかしらの土づくりが必要ですが、通常、無肥料栽培では草を抜くということを極力行いませんので、窒素が少ないということは起きにくいものです。

しかし、過去に利用している耕作者が、窒素以外のリンやカルシウム、マグネシウムなどを大量に与えすぎていると、この窒素比率が悪くなり、土壌としては作物を育てる力を失うことがあるので、要注意です。

この数値が低い場合は、窒素の元になるものを土壌に増やす必要があります。例えば、たんぱく質を含む米ぬかを混ぜ込んだ雑草堆肥を与えるか、窒素固定菌や硝化菌を増やすために、ある程度、土壌を鍬や耕運機、トラクターなどで荒耕起をするなど、土壌に空気を含ませるような方法で土壌の状態を改善していきます。

アンモニア態窒素

アンモニア態窒素は、空気中の窒素が土壌中に固定されたときの窒素の状態です。このアンモニア態窒素を作るのが窒素固定菌などのバクテリアになります。もしくは、動物の糞や土壌動物の糞、もしくは枯葉や枯れ根などの有機物をバクテリアが分解して作り出すものです。このアンモニア態窒素を吸収して生長する稲のような植物もいますが、一般的にはこのアンモニア態窒素から硝酸態窒素に変化させてから使用されます。

この数値が低いということは、要するに窒素を固定するバクテリアが少ない、あるいは分解すべき有機物、あるいは腐植が少ないということであり、植物の生長が悪くなる原因のひとつです。仮にこのアンモニア態窒素は多いが、硝酸態窒素が少ないという場合は、硝化菌が少ないとも想像できるわけです。

このアンモニア態窒素が少なければ、当然、硝酸態窒素も少なくなっていくわけですが、僕の経験では、このような窒素が少ない土壌というのはあまり見かけません。見かけるとすると、一切草を生やすことなく、かつ化学肥料や有機肥料を一切与えていない土壌です。その場合は枯渇していることもありますが、無肥料栽培を行っている畑や、しばらく使用していなかった畑でも草が生えているような土壌であれば、大概はこの数値は平均的な数値になっていると思います。

この数値が低ければ、無肥料栽培においては、先に書いたように米ぬかを使用した植物堆肥を与えたり、窒素固定菌、硝化菌などを増やすために、畑の耕起を行う必要があります。畑の耕起と言っても、あまり細かく土を砕いてしまっては、バクテリアのコロニーも破壊されすぎますので、荒耕起という方法で耕運していきます。

有効態リン酸

リンは、植物の細胞を作るために必ず必要なミネラルであり、花や実、種を付けるためにも絶対的に必要なものです。もともとリンは土壌中に多く存在するものですが、これらが同じく土壌中にある金属系のミネラルと結合してしまうと、植物が使えない状態のリンとなってしまいます。そのため、植物が利用できる状態のリンだけを計測するという意味で、有効態リン酸という表現をします。

リンが少なければ、おそらく果菜類の実生りはとても悪くなります。この数値が低い場合は、何かしらの方法でリンを増やさなくてはなりません。リンの供給源で一番確かなのは動物の糞ですので、牛糞や鶏糞を使用することが多いのですが、無肥料栽培ではもちろん使用することはありません。これらは、畜産業から出た家畜排せつ物法に従って肥料化されたものですが、残念ながら、家畜に抗生物質などの薬を与えたり、本来、家畜は消化が難しいと言われている穀物を食べていたりするため、肥料分として与えると、土壌中に残留した薬品が残る可能性がありますし、未消化の穀物があるかもしれません。

もちろん、十分に発酵して販売されているもので、問題ないものもあるかもしれませんが、自然の法則から考えて、そんなにたくさんの動物の排泄物を畑に施すのは不自然です。また、リンだけではなく、窒素や、カルシウム分も多く、これらを大量に施すと過剰になってしまい、ミネラルバランスが狂う危険性があります。無肥料栽培は、自然界の営みを模倣した栽培方法ですから、そうした家畜の排せつ物は出来る限り使用しません。

では、どうするかですが、そもそもリンは実を、種をつけるためのミネラルなのですから、当然、実や種に残っています。特にお米の米ぬかには沢山残っているので、米ぬかと枯葉を混ぜて作った植物性の堆肥を利用して、この値の底上げをしていきます。

　または、リンが使えない状態で存在しているのであれば、それを使える状態に変えていくという方法もあります。植物は、それをどのように行っているかと言えば、クエン酸、つまり有機酸を根から放出して、土壌中の使えないリンを使えるリンに変えるということをしています。それを模倣すればよいということですので、有機酸をたくさん出すアブラナ科の植物の種を畑の畝に蒔いておけばよいというわけです。

カリ

　カリはカリウムのことですが、根を作るミネラルとも言われますが、根や葉などが持つミネラルの主成分がこのカリウムです。根はこのカリウムがないと伸びないと言われており、この数値が低い場合は、カリウムを増やすために、植物の残渣をバクテリアに分解させるという方法で増やす必要があります。また、米ぬかにもカリウムがありますので、枯れ葉と米ぬかで作った雑草堆肥を畑にすき込むことで、この数値は上がっていきます。ただ、自然界は草の根を利用して補充するのが普通です。多くの草が生えてきては枯れていくということを繰り返していれば、残った根が分解されてカリウムが補充されます。無肥料栽培でも同様で、草の根を残して草刈りをするということで、このカリウム分は土壌に不足することはなくなります。

石灰

石灰とはカルシウムのことですが、これもカリウムと同様で、葉に含まれているミネラルの一つです。このカルシウムが不足すると、窒素吸収などがわるくなるため、欠かすことができないのですが、このカルシウムやカリウム、マグネシウムは土壌をアルカリ性に導く性質を持っており、これらが不足すると、土壌は酸性に偏ります。雨は酸性に寄っていることが多く、雨によって、水溶性のカルシウムが溶けて流されてしまうために、不足するわけです。

自然界は、根を土壌中で分解させることでカルシウムを補充していますので、あまり酸性に寄ることがないのですが、残念ながら、畑のように草を抜いてしまうような管理の仕方をすると、このカルシウムの補充はできません。化学肥料でもある石灰を撒く方もいますが、無肥料栽培では、できるだけ根を残す、あるいは枯葉を分解させてすき込むということで、このカルシウム分の枯渇を防ぎます。

苦土

苦土とはマグネシウムのことですが、これもカルシウムと全く同じ理由で枯渇していきます。マグネシウムが枯渇すると、リンの吸収が悪くなるという現象が起き、実が生りにくくなりますので、同様に枯渇しないように根を残す、枯れ葉を分解させてすき込むということを続ける必要があります。もちろん、草を刈ってはその場で朽ちさせることでも補充は出来るのですが、大変長い時間がかかります。もっとも、それが自然というものですが。

CEC

塩基置換容量という呼び方もされます。土壌を構成する原体となるのが粘土、つまりマイナスに帯電した小さな砂粒ですが、先ほどから出ているカリウムやカルシウム、マグネシウム、あるいはアンモニア態窒素などは陽イオンと言って、マイナスの電荷が一つ足りなく、外見上プラスに帯電している状態になっています。そのため、マイナスの電荷を探して動き、マイナスの電荷の多い粘土にくっつくようになります。つまり、土壌中に、この陽イオンをどのくらいひきつけておく力があるかというのが塩基置換容量、CECのことです。この場合の塩基とは陽イオンのことで、このCECの値が高い土を、保肥力が高いと表現します。保肥力とは肥料分を保持している力ということです。

このCECの値は、土壌の出来方によってほぼ決まっており、土壌によってひきつける力が強い地域、弱い地域などがあります。この値を変えるのは大変難しいのが実状です。そのため他の方法で、マイナスの電荷を持つ粘土の代わりになるものが多く存在するように土壌を変えていく必要があります。

腐植

腐植とは、有機物が分解し、土壌中に塊として存在するものです。これに関しては別のところで説明していますので、ここでは割愛しますが、ＣＥＣが低い場合でも、この腐植分を増やすことで保肥力を高めることができます。そしてこの腐植が増えると、当然、陽イオンのミネラルも土壌中に残留しやすくなりますので、植物は良く育つようになるということです。

固相：液相：気相

最後にこの三相について簡単に説明しますが、固相とは固体のことです。液相とは液体のこと、気相とは気体のことと思っても、大きく間違いではありません。土壌は、固体と液体と気体で構成されており、固体、つまり固相が粘土や腐植のことです。この固相が100％ですと、土はほぼ固体だけになりますので、植物が育つ環境ではありません。この固相が高ければ高いほど、土は硬くなります。

液相は液体ですから、液相が100％ですと、液体ということであり、これも植物が成長するための環境にはなりません。気相100％も気体になってしまいますので、植物は生長できません。

この固相：液相：気相のバランスが取れて、初めて植物が生長しやすい土になります。どのくらいが理想かというと、おおざっぱに言えば、固相：液相：気相が４：３：３の比率です。この比率であれば、適度に柔らかい土で、適度に保水されており、適度にバクテリアも棲みやすい環境ということになります。この状態になった時、初めて団粒化した土と言えるようになります。ただし、この状態にするために、人が無理やり土をほぐしたり、水で濡らしたりしても意味はありません。土壌中で有機物がしっかりと分解していくと、自然とこのバランスになっていくものです。詳しくは、団粒化のところの説明を読んでください。

第4章

畑の探し方と
畑設計から作付まで

畑の探し方、選び方

これから農や農業を始めようと思う時、最初にするべきことは、もちろん畑探しです。畑を既に所有している、あるいは先祖代々の畑を受け継いだ場合は畑探しに走り回ることもないでしょうが、多くの場合、畑を借りて始める方が多いと思います。そんな時、どんな畑を選んだら良いのかという畑選びの基準に困ることが多いものです。あるいは、借りられる畑が決まっていて変えようがなく、その畑が無肥料栽培に向いているのか不向きなのかという基準もなかなか分からないものです。そこで、まずは畑の探し方、選び方、判断の仕方などについて簡単に説明していこうと思います。

畑の契約

畑を借りたいと思っても、どこに行けば貸してくれるのか、あるいは家庭菜園のような小さな農の場合でも貸してもらえるのか、という不安があります。しかし、それほど難しく考える必要はありません。基本的に、地主は畑を貸したがっているものです。畑というのは宅地と違って広大であり、かつ植物を育てる場所ですから、当然草管理ということをしなくてはなりません。放っておけば畑は林に戻ってしまいます。広大な土地で草管理をするのは大変な労力であり、自分が耕作者でない限りは、誰かに貸して、草管理をしてもらいたいと常に思っているものです。

しかし、誰にでも貸せるということでもありません。昔から、畑を耕作した者に、その畑の権利が移ってしまうと考えが根強く残っているからです。過去に遡れば、確かに墾田永年私財法という法律が奈良時代にありましたが、現実にはそんなことはあり得ません。あるいは第二次世界大戦後、焼け野原となった土地を開墾し、この土地は自分のものだと主張した者もいたのは事実です。しかし、決して法律的に認められることではありません。ただ、耕作をしていると、その土地が借りた土地であっても、耕作権が生まれてしまい、地主が返してほしいと申し出ても、耕作権を盾に返してくれない耕作者がいたのも事実です。そのまま子孫に受け継がれていくことで、権利がうやむやになることはあったのでしょう。その経験から、知らない人には貸したくないという意識が生まれてくるのです。つまり法律をしっかり理解していないことから始まる悲劇です。

現代の農地法では、農地を貸し借りする場合は、法律に則って行う必要があります。一つは無償貸与によるもの、もう一つは有償貸与によるものです。どちらも地主と耕作者との間で契約書を交わします。前者は農地使用貸借契約書といい、後者は農地賃貸借契約書と言います。このどちらかの契約書の中で、貸借する期間を明確にしますので、契約期間が終われば、再度交渉することになります。もう一つは、農地耕作委託契約書です。これは、農地を貸すというよりも、その農地で耕作することを委託する契約書です。こちらの方が簡易的な契約書で済みますし、地主としても安心できる契約になります。

もっとしっかりとした契約をしたい場合、あるいは専業農家として、耕作する強い権利が欲しい場合、及び、地主としては、契約後に確実に返却して欲しい場合は、利用権設定を行っておく方法もあります。これは農業経営基盤強化法に基づく権利であり、貸借契約書とは別に設定するもので、貸借契約書は地主と借り手の間でしか交わしませんが、利用権設定には行政が関わってきます。地主側は印鑑証明と実印を使用して利用権を設定しますので、耕作者としては、契約した期間はどのような事情があっても返す必要がなく、行政もそれを認めてくれます。また期間満了時には、どのような理由があっても、一旦農地は返却されますので、地主としても安心できる契約となります。

もっとも、利用権設定は、認定農家でないとなかなか設定できません。認定農家とは、5年間の農業経営方針をしっかりと立て、生活が維持できる程度の広大な畑（行政により、最低限耕作するべき面積は違っており､通常900～1200坪）で耕作し､かつ1年のうち1500時間程度（これも行政により基準は違う）を耕作時間に当てている農家を指します。そのことを行政に対して書類にて届出て、行政長（主に市長）により認定されます。本書を読まれている方の多くは、そこまでの耕作はしない人が多いとは思いますが、知識として、覚えてく必要はあります。

そうした貸借契約書をつくるという前提であるなら、各市町村の農政課などに出向き、畑を探している旨を伝えます。この際、家庭菜園であると告げると、大概の行政は探してくれません。農政課は、基本農業に関する政策を司る部署ですから、趣味での農に関しては、あまり動いてくれませんし、動く義務もないようです。これが、地域の野菜などの流通に関わることであれば、必ず動きます。もし動いてくれないようなら、職務怠慢で市や県に苦情を言うこともできます。しかし、家庭菜園ですと難しいので、可能であれば、仲間数人で任意団体を作り、地域の子どもたちやお年寄りたちに食べてもらう野菜を作る、などの目標を立てて、団体で交渉する方が確実でしょう。その場合も、市民のための活動であれば、行政は援助する義務が生まれます。

　家庭菜園であっても、ある程度の広さで耕作

畑の契約方法

	契約書	賃料設定	行政介入	作物の権利	解約申し入れ
農地使用貸借契約書	あり	なし	なし	耕作者	契約期間内は話し合い
農地賃貸借契約書	あり	あり	なし	耕作者	契約期間内は話し合い
農地耕作委託契約書	あり	自由	なし	耕作者	契約期間内は話し合い
利用権設定	あり 地主側は実印と印鑑証明を提出	あり	あり	耕作者	原則不可能

し、野菜を地域の直売所などで販売するという目的があるのなら、堂々と畑を探してもらうべきです。地域には、利用されていない畑はたくさんあり、それらの管理に困っている人もたくさんいるからです。ただし、多少、条件の悪いところしか借りれない可能性はありますが、条件が悪いところというのは、無肥料栽培にとっては、好都合な場合もあります。

その点については、次に説明してみたいと思います。

畑の選び方

さて、実際に畑を選ぶ時、20代、30代の若い方で、専業農家を目指している人なら、いくつかの畑が集約されている、ある程度の広さを確保できる畑を見つけることも可能でしょう。行政としては、そういう人たちに畑を貸したいと思っているからです。しかし、兼業農家を目指す人や、家庭菜園レベルの畑をやろうという人の場合、条件の良い畑が借りられない場合もあります。

元々農家の家ならば、親の畑、祖父の畑、あるいは親の知り合いの畑などが借りれると思いますが、移住者などの場合は、正直、すぐには良い畑は見つからないものです。しかし、無肥料栽培にとっては、むしろ条件が悪く、今まで誰も使おうとしなかった畑の方が、栽培に向いている場合があるのです。

まず、選ぶと大変苦労する3種類の畑というのもあります。まとめてみます。

●耕作せずに草が少しでも生えるたびにトラクターや耕運機をかけていた畑

耕作するわけでもないため、特に肥料を入れているわけでもなく、また草が生えてくると草刈が大変になるため、頻繁にトラクターなどをかけて管理している畑を良く見かけます。こうした畑は、農薬や除草剤を使うこともあまりない反面、土は常に裸状態であり、雨ざらしでもあり、植物がすき込まれることもなく、腐植も出来上がっていません。

土が裸になると、水溶性のミネラルの多くは地下水へと流れていきます。林や森であれば、たとえ流れたとしても、次から次へと葉や枯草や虫などの力で供給されていきますが、土が裸になっていると供給源がなく、土はどんどん痩せていきます。化学肥料を使うような農業であれば、肥料を与えますので、それで十分ですが、無肥料栽培では肥料を与えませんので、このミネラルが流亡し続けた畑では野菜を育てることができません。かといって、何年もかけて流亡していったミネラル分を、一気呵成に取り戻すことはできませんので、残念ながらこうした畑は実に厄介です。

土壌分析をしてみると、多くの場合、有効態リン酸が枯渇しています。虫がいないこと、それから種が蒔かれないことで、土壌中のリン酸供給が行われないのが原因です。植物は根からリン酸を吸収し、種としてばら蒔くことでリン酸の供給をしているからです。そして虫も糞として、リン酸を供給します。この両方の供給源がないのですから、当然枯渇するわけです。

カリウム、カルシウム、マグネシウムに関しては、雨によって流亡しており、通常なら草や根が枯れることで供給されていきますが、その草や根もありませんので、枯渇していくわけです。

化学肥料、特に石灰や除草剤を使い続けていた畑

化学肥料を撒き続けると、微生物が減ってしまいます。土壌微生物の多くが、有機物を無機物に変えるのが仕事であるわけで、その仕事を化学肥料によって奪ってしまうわけですから、土壌からは微生物が激減するのは当然のことです。ですので、こうした畑を借りた場合は、微生物が増えるまでは、無肥料栽培が難しい畑ということになります。微生物も一気呵成には増えませんので、地道な土づくりが必要になります。

また化学肥料が残っている可能性もあります。1年目は残っている化学肥料で育つかもしれませんが、2年目からは全く野菜が育たないという現象に見舞われます。1年目で野菜がある程度育ってしまうと、土づくりという基本を怠ってしまう原因にもなり、2年目に不作になった時に、どう対応したら良いのかという対策を立てられなくなってしまうので、要注意です。

また化学肥料を使用している場合は、石灰が多く使われている可能性があり、土壌のpH値も測らずに石灰を入れ続けている畑ですと、異常なまでにアルカリ土壌になっていることもあり

ます。その場合は、野菜は育たないばかりか、その石灰が耕盤層の部分に溜まった場合、冷たいコンクリートのような土になってしまっているはずです。元々石灰は土壌を固める作用があるので、硬くなって当然です。これが、いわゆる肥毒層と呼ばれる層のことですが、この硬い層を作ってしまうと、野菜の根がその層を嫌がり、野菜は全く生長しなくなるという現象が起きます。

それだけでなく、除草剤なども使用されている可能性があり、除草剤は土壌中の菌根菌などの死滅を起こすため、ますます野菜を育てる力が奪われています。こうした畑は、無肥料で栽培する場合は、できるだけ借りないのに越したことはありません。ただ、化学肥料を使用する農業ならば、むしろ病気がちにする菌や余計な残存物がなく、雑草も生えてきませんので、使いやすい畑と認知されるのでしょう。

有機石灰と鶏糞や牛糞を使い続けていた畑

有機栽培でも、植物堆肥を使用していた畑ならば、無肥料に切り替えてもさほど問題は起きません。そもそも無肥料栽培といっても、植物堆肥と同様な堆肥を使うことが良くあるからです。また、自然界は植物が朽ちて、それが肥料となるわけですから、植物を使って土を作っていくこと自体は合理的な方法です。

しかし、これが家畜糞を使用した動物性堆肥となると少々問題が生まれます。通常の家畜糞を使用する農法の場合の家畜糞の投入量は、明らかに過剰だからです。牛一頭が草を食べながら糞をしているとすると、一頭あたり３０００坪ほどの草原が必要ですが、つまり３０００坪の草原には、本来なら牛一頭分の牛糞しか与えられないことになります。それが自然界の量です。しかし、現実には３０００坪には数十頭分の牛糞が撒かれているのが今の有機農法です。これでは多すぎるのです。

牛糞が多すぎると、土壌中の微生物の状態が無肥料栽培には適さなくなります。牛糞が多いとその牛糞を分解する微生物が多くなるわけで、たとえそれが、発酵が十分な牛糞であっても、自然界の草原の微生物コロニーとは全く違う状態になってしまいます。つまり牛糞を分解するための微生物群が多く存在する畑となってしまうのです。

本来なら、草や根を分解する腐生微生物や、植物に栄養を運ぶ根圏微生物が多く存在しなくてはならないのに、そのバランスになっていないということです。これは牛糞に限らず、鶏糞、豚糞などでも変わりません。また、家畜たちは成長ホルモンや抗生物質などを与えられており、それらが糞の中に残っている可能性も捨てきれません。これらも土壌微生物にとっては死活問題です。

また、鶏などは石灰などの飼料も与えられますから、カルシウム分の多い土が作られている可能性が極めて高くなります。過去に鶏糞や牛糞を与えられていた畑を幾度か土壌分析したことがありますが、大概、リン酸やカルシウム、あるいは窒素などが過剰に存在していて、他に必要な微量元素であるミネラルとのバランスが壊れていることがありました。こうしたミネラルバランスの狂った畑では、無肥料栽培は大変難しいと言わざるを得ません。特にマグネシウム欠乏が起きていることが多く、マグネシウムが少ないとリン酸がどんなにあっても利用できないなどの弊害もあります。マグネシウム単体で増やすことのできない無肥料栽培では、かなり致命的な結果となりがちですが、こうした場合は、後程紹介する、緑肥栽培などの方法で、バランスを整える必要があります。

判断基準

無肥料栽培の場合、どんな畑でも構わないということはあり得ません。作付をしてみると、同じように栽培しているのに、全く結果が違ってくることがあり、最初のスタートラインで成否が決まってしまうことが多々あります。その成否を分けるのが、前の耕作者がどのような使い方をしていたかという点です。

化学肥料を使用していた、除草剤を使用していた、家畜糞を使用していたなど、無肥料栽培を行うには不向きな畑というのは多くあります。そのため、その畑がどのような使われ方をしているかを調べながら、そこの生える草、土の状態などを確認しながら、場所を決めていく必要があります。

立地

無肥料栽培を行おうと、初めて畑を探す場合などは、大概条件の悪いところしか候補にあがりません。しかし、条件が悪いと言っても、色々な事情がありますので、条件が悪いというのが直接栽培に影響するとは限りません。

例えば日が入りくい畑。全く日が入らないのは問題外ですが、横が山になっていて、午前か午後の一定時間、日陰になる畑があります。こうした畑は、土が乾きにくく、虫も発生しやすく、光合成能力も弱くなるので、一般的には嫌われます。しかし、本来ミネラルは山から流れてくるものです。山の中を流れる地下水が、平野部で伏流水となって表面に現れるわけですから、実は山に近い方が、土壌ミネラル分が多かったりします。無肥料栽培では土壌中のミネラルが多い方がうまくいくわけですから、山際だからとあきらめる必要はありません。水はけは畝の作り方で解決しますし、光合成できる時間が多少短くても、葉の大きな野菜を作れば特に問題はありません。例えば里芋やウリ科などです。虫に関しては確かに問題ですが、益虫を殺さないように細心の注意を払えば、条件が悪いと言われていた畑が、宝ものになることがあります。

また、農業機械が入りにくい畑というのもあります。そうした畑であれば、機械農業であれば不便ですが、無肥料栽培には向いていません。なぜなら、機械により、土が壊されていないからです。大きな機械が入っている畑では、耕盤層といって、機械によって作られた硬い層が存在することがあり、この層があるために、水はけが悪くなったり、根が張りにくくなったりしますが、機械が入っていないので、そうした障害が起きにくいのです。

草

雑草が生い茂っていて、開墾するのが大変な畑というのも敬遠されます。しかし、この草に覆われているという状況は、つまりは、自然界が畑から草原や林に戻そうとしている途中の姿です。人の手によって畑の土をどんどん壊してきた状況を、自然の草たちが元に戻そうとしているわけです。こうした畑であれば、開墾は大変ですが、一度開墾できてしまえば、宝の土となります。ただし、どのような草が生えているかもポイントになってきます。

ススキやセイタカアワダチソウなどの背の高い草

こうした草の場合は、土が硬いことを教えてくれています。おそらく耕作が放棄されてしまい、微生物がいない状態で放置されたので、土が固まってしまったのでしょう。その硬い土を柔らかく解そうとして背の高い、つまり根の深い草が生えてきているのです。こうした畑は、耕作が放棄されて数年〜10数年経っている可能性がありますので、開墾後、すぐには利用できませんが、そろそろ余分な肥料も抜けている状態であるはずなので、初年度は緑肥などで土づくりをしながら、2年目から無肥料で使用できる畑になります。

アメリカンセンダングサなど、一種類の草で覆われている

背が高めの数種類だけの草で覆われている不自然な畑を見かけます。こうした畑の場合は、ミネラルバランスが完全に壊れていることを意味します。自然界が壊れたミネラルバランスを取り戻すために、様々な役割を持つ草が順番に生えてきているということです。化学肥料や除草剤などを

草を見る

ススキやセイタカアワダチソウなどの背の高い草

背の低いイネ科や地下茎のスギナなどで覆われている畑

アメリカンセンダングサなど一種類の草で覆われている

多様性のある低い草たちが10種類以上存在する

与え続けた畑では、イネ科だけがびっしりと生えていることもあります。こうした畑は開墾しても、やはり畑として戻すのは少々時間がかかる畑ですので、他に選択肢があるなら、避けるべき畑ではないかと思います。

背の低いイネ科や地下茎のスギナなどで覆われている畑

こうした畑の場合は、おそらく前の耕作者が畑に草が生えてくるたびに、耕運機やトラクターをかけて、草管理をし続けてきた畑ではないかと想像できます。頻繁に草刈をすると、1年草は消え、残るのはイネ科や地下茎の草だけになるからです。この場合、トラクターを入れていたのが、どのタイミングだったかによっても違います。草が生えてきてすぐに耕運している畑だと、ミネラルは完全に流亡しています。土は裸になり、ミネラルは雨で流されていくのに、供給源がないからです。

ところが、草が膝丈くらいまで伸びてから耕運している畑ですと、逆に草が持っていたミネラルが土壌中にすき込まれる結果となりますので、十分とは言えませんが、ミネラルが残存している可能性があります。そうなれば、無肥料栽培としては使いやすい畑ということになります。見た目だけではなかなか判断できませんので、一度、土壌分析をしてみることをお勧めします。

●多様性のある低い草たちが10種類以上存在する

これは、まぎれもなく豊かな土です。野菜を育てるには十分とまではいきませんが、少なくとも前の耕作者によって土が壊されていないか、壊れた土が復元しているかのどちらかですので、耕運して畝を立て、すぐに使える畑の可能性は大きいでしょう。マメ科、イネ科、キク科、アブラナ科、その他10種類以上の背の低い草が生えている畑が、無肥料栽培には理想的です。ただし、草が多いと言っても、雑草の多くは実を生らせるものが少ないので、所詮、雑草用の土では実を大きくする野菜がすぐに育つということではありません。実を生らすために必要なリン酸をどのように供給していくかがポイントとなってきます。

土

草を見たら、次に土を見る。当たりまえのことですが、残念ながら、土だけを見て、良い土か良くない土かという点を見極めるのは大変難しい課題です。一見、良さそうに見えてもミネラルバランスが狂っている場合、一見悪そうにみえても、過去の肥料分でよく育つ場合などが存在します。やはり無肥料栽培に向いた土の基本だけは押さえておく必要があります。

土は柔らかい方が良いわけですが、柔らかければ良いわけではありません。土の粒子が揃っているのは痩せた土です。特に細かく揃っているのは、痩せた土である可能性が高いのです。土の粒は大小さまざまである必要があります。

前章までに説明したとおり、土は植物などが分解し、リグニンやセルロースといった分解しにくい成分と、植物が分解された後に放出されたミネラルが団粒化構造を作っている必要があります。そうした土の見極め方法としては、水を上からかけてみることです。水をかけた後、いつまでも土がびしょびしょに濡れているようなら、その土は団粒化していません。また指二本程度で簡単に土を掘り起こせることです。その位軽くできていないと空気層を保てないからです。そして無臭であること。もちろん土の匂いがするわけですが、その土の匂いが強くないことです。また、土を片手だけで一握り握り、手を開いてみます。団子になった土を中指で軽く押したときに、ホロホロと崩れるのが良い土でしょう。

周辺の理解

最後に、畑の選び方として大事なのが、周辺の農家の理解度です。ある程度草刈もしますし、管理はしていくわけですが、農薬や肥料を使わない農業に対して理解がない地域ですと、少しの草や虫で、大きなクレームになることもあります。そうしたクレームをなくすためには、農家仲間を周りに増やしておく必要もあるでしょう。

雑草堆肥と草木灰の使い方

雑草堆肥の使い方

第二章で作った雑草堆肥は、自然界の営みをそのまま人為的に再現した、新しい自然農法ともいえる方法だと思っています。現在の畑事情から考えると、畑に草を生えっぱなしにするとか、畑中に敷草をしておくという方法で自然農を実行したいと思っても、農政というものが存在するため、農政課や農業委員会、あるいは地域の人たちから、草管理について指導されることがあります。

実際に僕の畑でも何度もありました。草が多すぎて近隣の農家に迷惑をかけるから、畑を返して欲しいと言われたり、せっかく敷いていた草を取り払われたり、ひどい場合は、勝手に除草されているなどのトラブルもあります。こうした問題は、自然農法や無肥料栽培をやってみたいと思う方々の足かせになることが多く、また、草を使用できないことで土が肥えることがなく、自然農法や無肥料栽培がうまくいかないとぼやく方も、数多くいます。

この問題を解決するために、僕はいくつかの方法を考えてみました。その一つが雑草堆肥を堆肥置場で作るという方法であり、それらを畝だけにすき込んでいくという方法です。僕の無肥料栽培では、畝を作り直すということをあまり行いません。そのため、通路としたところは長い間通路として利用しますし、畝はずっと畝のままです。そのため、例えば通路の部分には草を生やさないという方法を実践できます。通路に草がなく、畝の上が緑色である場合は、あまりトラブルにはなりません。あるいは通路にだけ、藁や草などの敷き草をしておくという方法もあります。そうすれば、通路の土も痩せにくくなります。

さて、雑草堆肥の使い方ですが、基本的には畝の上に置いてすき込むだけです。しかも、畝の表面から15~20㎝程度、すき込むだけです。畝幅80㎝として、雑草堆肥を1m間隔で5㎏ほ

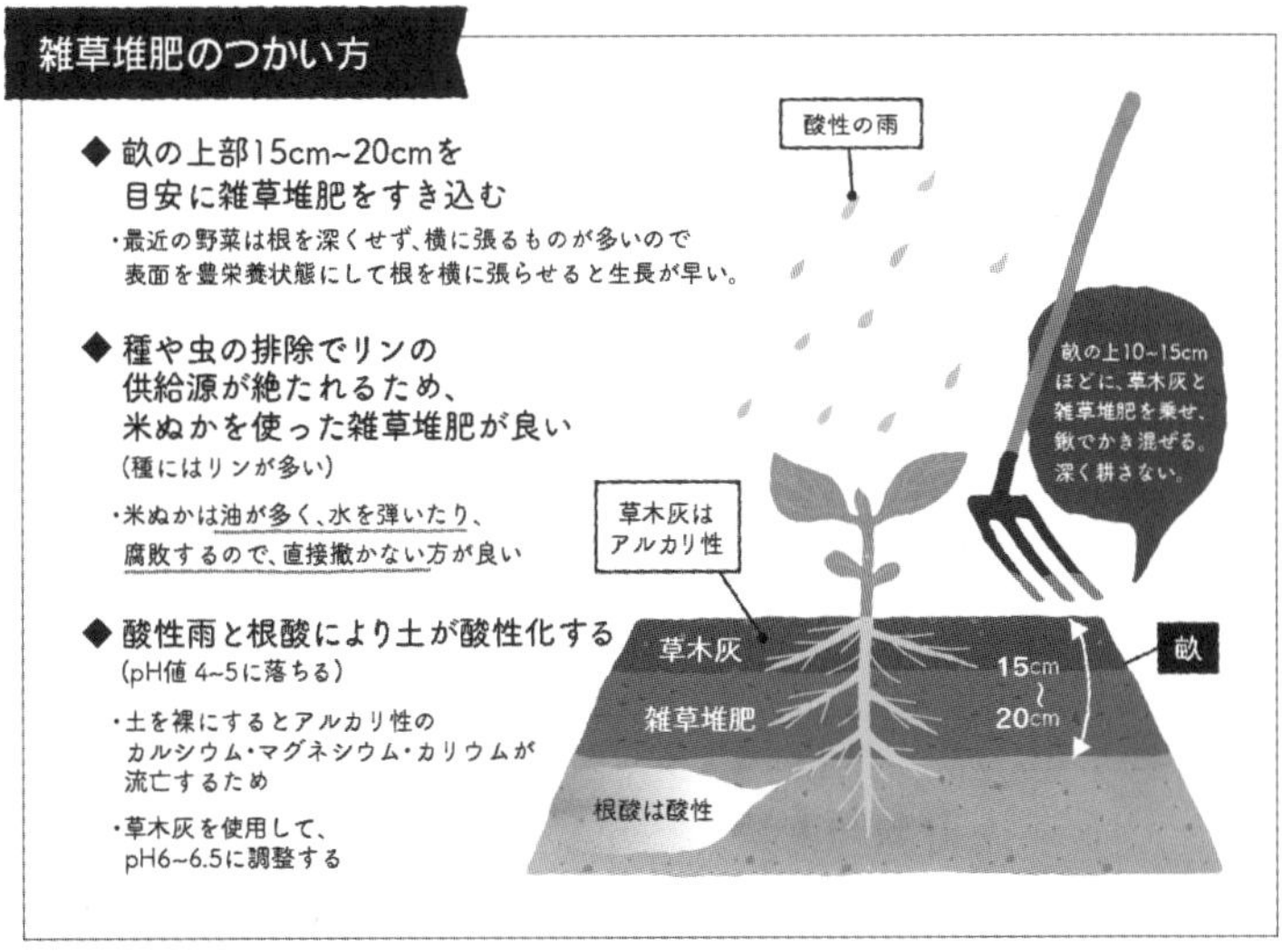

根酸は酸性

雑草堆肥のつかい方
◆ 畝の上部15cm~20cmを
目安に雑草堆肥をすき込む
・最近の野菜は根を深くせず、横に張るものが多いので
表面を豊栄養状態にして根を横に張らせると生長が早い。
◆ 種や虫の排除でリンの
供給源が絶たれるため、
米ぬかを使った雑草堆肥が良い
（種にはリンが多い）
・米ぬかは油が多く、水を弾いたり、
腐敗するので、直接撒かない方が良い
◆ 酸性雨と根酸により土が酸性化する
（pH値 4~5に落ちる）
・土を裸にするとアルカリ性の
カルシウム・マグネシウム・カリウムが
流亡するため
・草木灰を使用して、
pH6~6.5に調整する
畝の上10~15cm
ほどに、草木灰と

鍬でかき混ぜる。
深く耕さない。

ど置き、鍬などで軽くすき込みます。

浅くすき込む理由ですが、最近の作物は、根を横に張る性質があります。これは化学肥料などで栽培される作物が、肥料分が表土近くに多く、根が肥料を求めて、浅く横に張るように進化してきたからと推測できます。無肥料栽培でも、表土近くにミネラルの多い土を置いておくと、根は横に張り、初期生長が速くなります。根は深く張らなければならないという思い込みから、浅く張る根を良しとしないところがありますが、実際には、横に張らせた方が圧倒的に早く生長します。

根を横に張る作物でも、自家採種を続けていけば、根は下に下にと伸びていくように変わっていきます。しかも、根が下に伸びるようになったときには、菌根菌とも強固な関係を築いていますし、根自体も長く伸び、直根の本数も増えていきますので、ミネラルが多少枯渇していても、作物自信の力でミネラルを見つけ出し吸収できるようになっているはずです。

この時にすき込む雑草堆肥にはリン酸が含まれている必要があります。その理由ですが、リン酸は土壌中に多く眠っており、植物が出す有機酸を使用して土壌から溶かし出し、菌根菌の力で吸収すればよいわけですが、リンの供給源は虫の糞からも行われています。青虫や蛾の幼虫、コガネムシの幼虫などが糞をすると、土壌の浅いところに溜まります。自然界ではこうした構造が出来上がっているわけですから、人が土壌にすき込む場合も同様に、リン酸は畝の浅いところにあった方が、菌根菌は使いやすくなります。菌根菌の多くは根と共生するわけですし、好気性の菌なので空気を欲しており、多くが土壌の浅いところで生息しているからです。

雑草堆肥を作るとき、リンを多く含む米ぬかを与えていますので、雑草堆肥はそうした意味で効率的な堆肥と言えます。

ただし、だからと言って、米ぬかを畑にそのまますき込めばいいというわけでもありません。米ぬかには多くに油脂が含まれており、油は水を弾くため、水が染み込みにくい土壌を作ってしまうばかりか、米ぬかが発酵すれば、高い温度を保ってしまいますし、発酵しなかった場合は、糸状菌、つまりカビが生えてしまい、腐敗に向かうことがあります。腐敗すると、腐敗したものを土に戻す役割をしているのが虫たちですので、虫が集まってきて、作物にも影響が出ます。米ぬかを雑草堆肥を作るときに混ぜ込んでおけば、すき込んだ後にすぐに使用することができます。

草木灰

また、この時に、草木灰を一緒にすき込むことがあります。土壌のpHを調べてみた結果、もし酸性に寄っていた場合は、草木灰を利用すると効果的です。土壌は、作物の根が出す有機酸によって酸性に寄ることがあります。特にアブラナ科を栽培していると、良く起きる現象です。日本の雨には窒素酸化物や硫黄酸化物があり、雨自体は中性でも、それらが土壌に降り注ぐことで、土壌を酸性に偏らせてしまうということが起きるとも言われています。

この酸性に寄った土壌ですと、微生物も植物も存在しにくくなり、植物を病気にしがちな糸状菌が優位に繁殖することになります。そのため、できるだけ弱酸性、もしくは中性に戻してから作付する方が、失敗が減ります。

酸性から中性に戻すために、一般的な農業では石灰を施肥するわけですが、無肥料栽培では、通常、植物の根を残すことで、アルカリに性を示すカリウムを多く含んだ根を分解させて、保つような仕組みになっています。ですので、根を残していけばよいわけですが、作物は収穫するという行為を行うものですから、もし酸性に偏った土壌で作付するのであれば、アルカリ性を示すミネラルの多い、草木灰を一緒にすき込んでおくのが良いと思います。

ただし、草木灰のアルカリ性は、カリウムやカルシウムによるものですが、アルカリ性は、酸性と同様に、微生物が棲みにくい環境を作ってしまいますので、草木灰の量を間違えるとトラブルが起きることがあります。また、カルシウムが大量にすき込まれると、アンモニアガスを発生するとも言われています。化学肥料を使う農業では水酸化カルシウムや炭酸カルシウムを使用するため、窒素と反応してアンモニアガスを出すのですが、草木灰であっても、大量にすき込まれるとアンモニアガスを発生しますので、量には注意した方が良いと思います。

両方を15～20㎝の深さにすき込んだら、畝の表面を平らにして、作物の苗や種を蒔いて畝を完成させます。

畑の設計

畑を見つけたら、最初にやるのは土づくりですが、土づくりが出来たら、作付計画に入ります。作付計画も、無肥料栽培ならではの思考方法で考えていく必要があります。

イヤシロノウチ

最初に畑に立った時に考えるのは、その畑が心地よいかという点です。非常にアバウトな感性になりますので、誰もがすぐにわかることではありませんが、その畑で今後作業していくわけですから、立っていて心地よい場所である必要があります。人が持つ五感をフル活動させるわけですが、この判断には重要なポイントが隠されています。

ひとつは風の流れです。風が強い、あるいは風の流れがランダムですと、人はその場所を心地よいとは思いません。風が強いと植物は茎を太くする生長の仕方をし、実をつけるような生長をしにくくなるので、野菜は育ちにくい場所になります。また風がいろんな方向からランダムに吹く場合も、植物の生長にとってはかなり厳しい環境です。

また、日差しが淀みなく注いでいることも必要ですし、適度に影が伸びる場所や、草たちのざわめきや虫たちの生命活動を感じる場所も、心地よい畑になる可能性が高いものです。つまり生命が淀みなくその地を漂っているかという点です。この淀みがなく、心地よい畑をイヤシロチという呼び方をする場合があります。

イヤシロチを別の言い方をすると、優性生育地帯というそうです。これは物理学者であり電子工学者であった楢崎皐月博士が、製鉄における品質の違いが、土地によるものだと気づき、良い鉄が生まれる地は、大地表層は還元電圧を示し、大地電流は上から下へと流れる場所であると気づきました。逆に、悪い鉄が生まれる地はケガレチ、または劣性生育地帯と呼び、大地電圧は酸化電圧を示し、大地電流は下から上へ

イヤシロノウチを作る

流れるということを発見しました。

詳しくはインターネットなどで検索していただければよいと思いますが、こうした電流の流れの方向や大きさによって、人が立って心地よい場所であり、かつ植物も育ちやすい場所があるということを、科学的に証明したわけです。

そうしたことから、その心地よく、植物が良く育つ場所というのは、つまりはイオン化したミネラル、陽イオンや陰イオンが絶えず動いている場所ではないかと推測できます。ミネラルはイオン化する、つまりマイナスの電荷を帯びるか、プラスの電荷を帯びることでイオン化し、イオン化することで他の場所へ移動し、他の形に構成されたり、吸収されたりしていくわけですから、有機物が微生物の力で分解し、イオン化し、植物に吸収されていく場所というのは、いわゆるイヤシロチということです。これを農地の場合に当てはめて、僕はイヤシロノウチと呼ぶことにしています。

土壌科学でも、土壌表面の有機物が分解し、陽イオン化し、手放された電子が土壌中を動いている状態の土を良い土と表現しますので、この電子が土壌中に吸い込まれている状態が多ければ多いほどイヤシロチなのでしょう。手放された電子はマイナスイオンとなることもあり、当然人によっても心地よい場所になるのは理解できます。

ですので、その畑に立って、心地よいと感じるかどうかという点はとても大切なポイントになるということです。これを実現するために、無肥料栽培では、畑の畝の下に、もみ殻くん炭を撒くことがあります。これを土壌深くに撒くことで、電子がひきつけられ、イヤシロノウチが作られます。これは、住宅などで、家の下に炭を埋め込むのと、理屈は同じと考えて構いません。

風を見る

次に見るべきことは風の向きと強さです。植物は風が強い場所ですと、茎を折らないように太く短くする生態があります。こうした茎や葉の生長を続けることを「栄養成長」と言いますが、風の強い地域なら当然、茎の太い植物になるわけです。植物にとってはそれで良いわけですが、これが野菜として育てている場合は、あまり良いことはありません。葉野菜であれば茎が太くなる、葉脈が太くなれば、繊維質の多い野菜になりますし、果菜類であれば、なかなか実が付かない野菜になります。

実を付ける生長のことを「生殖成長」と呼びますが、風が強い畑ですと、この栄養成長と生殖成長の切り替えがあまり行われずに、実の付きにくい野菜になってしまう可能性があります。そのため、野菜栽培の畑に置いては、強い風は禁物なわけです。かといって風がないと野菜はひょろひょろとか弱い野菜になってしまいます。風に当たることで、植物は成長ホルモンを出すという生態があるため、強すぎず、かつ弱すぎない風の当たり方をさせるよう、畑の設計を行っていく必要があります。

具体的に言えば、まず、強い風が吹く方向を見つけます。強い風が吹く日に畑に立ってみるわけです。強い風が吹く方向というのは大概一定です。逆向きになることはありますが、多くの場合、一方向を行ったり来たりします。そこで、強い風が来る方に、背の高い植物を育てて、風止めを行います。

良く利用されているのは、ソルガムという植物です。これは緑肥ですので、食べることはできませんが、背が2mを超える植物ですので、ある程度密集させて栽培しておきます。この際、その場所が南側になる場合は。日当たりも考えて、少し野菜から離して育てるのが良いでしょう。ソルガムは食べられませんので、食べられる小麦、大麦、ライ麦などを利用するのも手です。その場合、秋のうちに蒔いておき、翌年の

風を見る

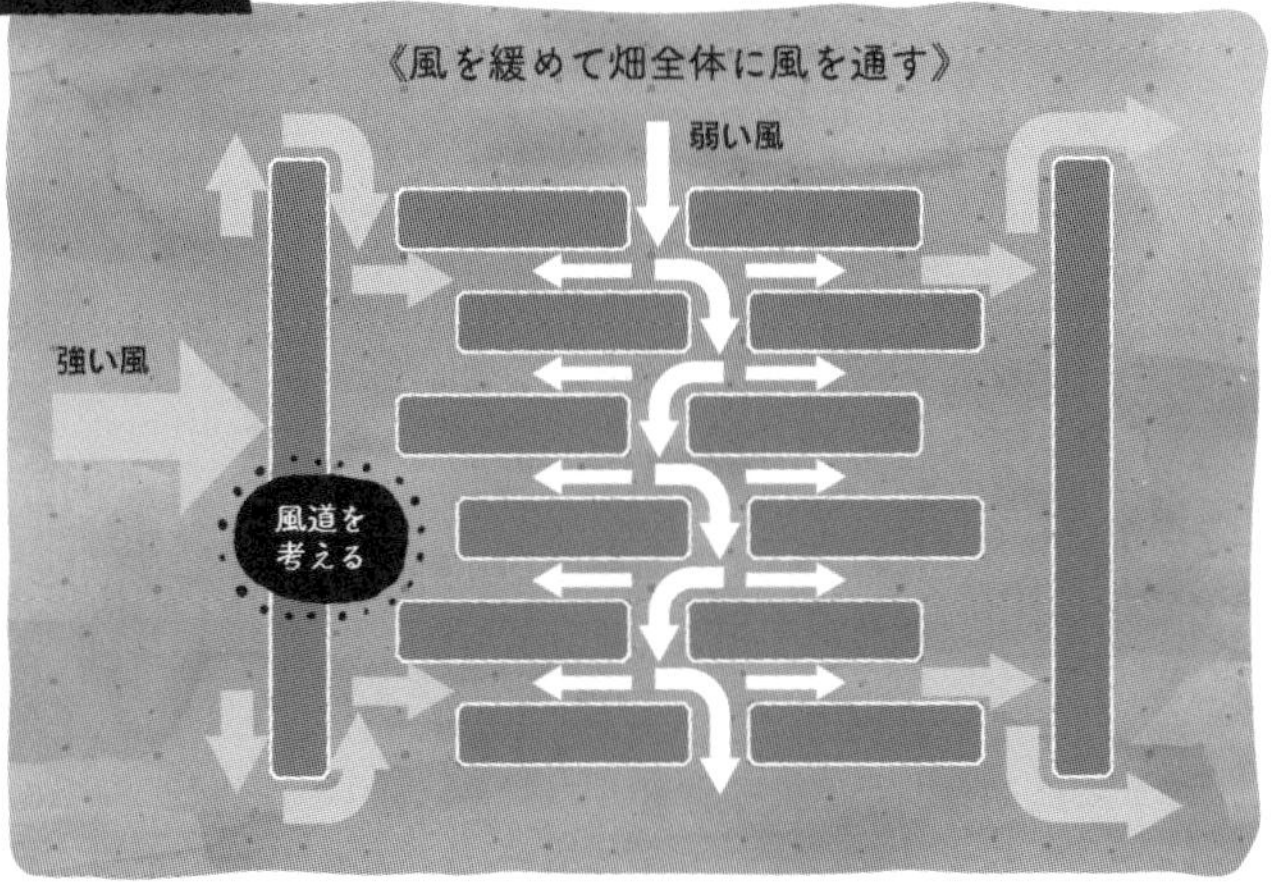

春夏に備える感じになります。小麦や大麦は、穂の部分のみを収穫し、茎の部分は残しておくことになります。

トウモロコシやオクラ、里芋などを使う方法や、防風ネットを利用する方法なども検討しても良いでしょう。

強い風を止めたら、今度は風を畑の中に、どのように流すかを考えます。もちろん、高いところを流れる風のことではなく、低い位置を流れる風のことです。一直線の畝ですと、風は吹きぬけてしまいますので、図のように畝を交互に作る千鳥風の畝を作る場合もあります。

また、思い切って畝を曲線にしていくのも面白い方法です。曲線の場合、風は畝にぶつかると、一旦停止して渦を巻き、曲線に沿って流れていき、しかも加速していきます。曲線畝に通り道を作っておけば、風はその通り道へと入っていき、次の畝へと流れていきます。水を流したときをイメージしてもらえると分かりやすいのですが、このような少し複雑な形にすることで、畝全体の風を緩やかに万遍なく流すことが可能になります。

水を見る

野菜の多くは多すぎる水を嫌います。水は必ず必要なのですが、その水が多すぎると、ミネラルが流亡しますし、土壌中の空気が奪われ、根が呼吸できなくなり、かつ根腐れ菌が発生して、根が傷んできます。そうすると植物は生長できません。元々、湿地帯で育ってきた植物なら、その状況でも空気を取り入れ、ミネラルを取り入れる術を獲得していますが、多くの野菜はその術を手に入れていないので、水はけを良くするということは、とても大切なことです。雑草も水が多いところでは育たず、水草のような草ばかりが生えてきます。

野菜の多くは水が多すぎることを嫌いますので、畑全体の水はけを良くしつつ、ある程度の水持ちを実現するという、両方の物理的環境を作らなくてはなりません。その方法として一般的なのは、畝を作るということです。野菜を植える場所だけ少し土を盛り上げ、土から水を逃がしつつ、根の先だけは水に触れるように、根の長さよりも少し低めの畝を作ります。例え

水を見る

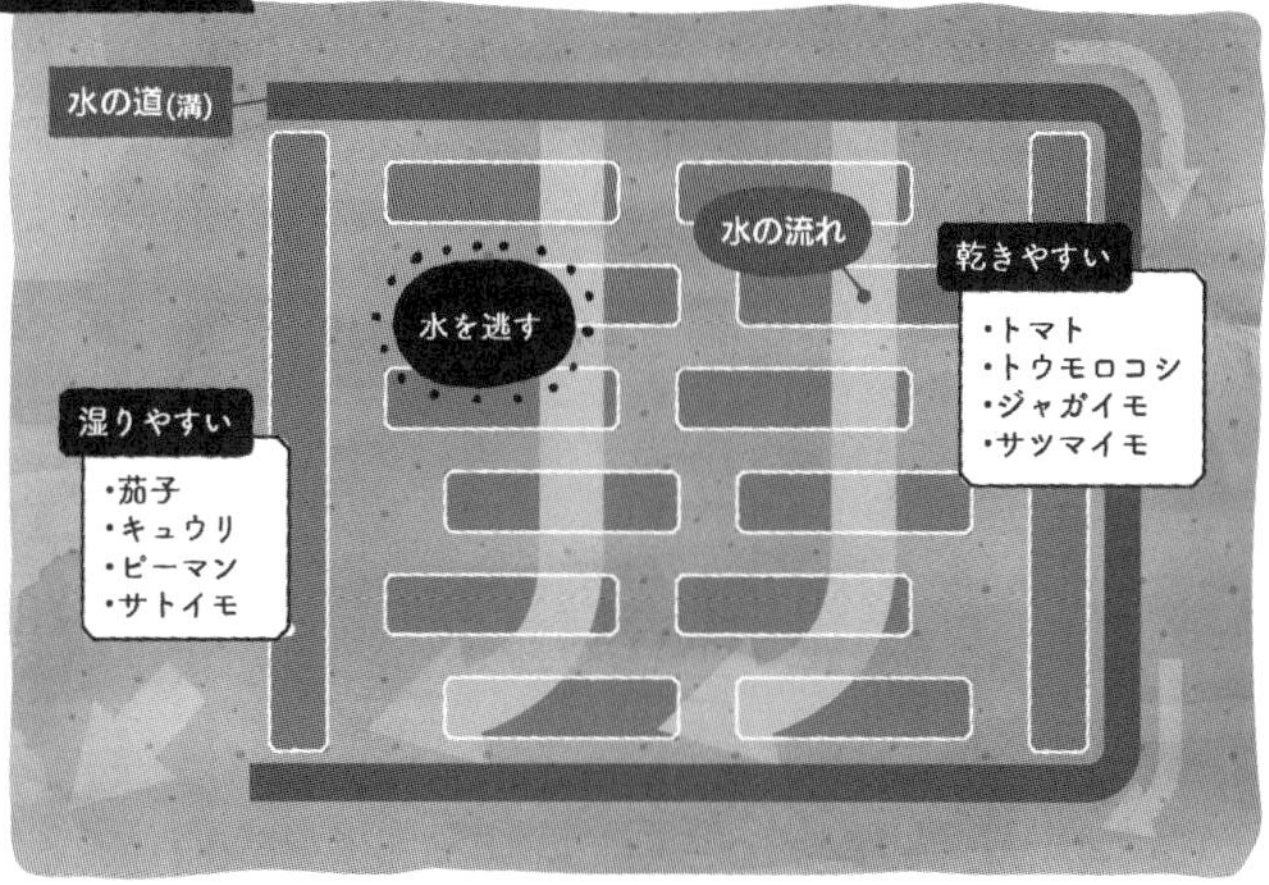

ば、40㎝以上根を張る植物なら、30㎝程度の高さの畝を作ります。根が短い野菜なら畝は低く、根が長く水が嫌いな野菜なら畝は高くするということです。野菜がどういう環境を好むかに関しては、その野菜の原産地を調べ、その原産地が乾燥地帯ならば水が嫌いで、湿地帯なら水が好きということです。

畝を高くするだけで水はけはある程度確保できますが、例えば隣が田んぼの場合は、少し状況が変わります。田んぼの水が伏流水として隣の畑に流れ込むことがあるからです。あるいはモグラなどの動物が土に穴をあけるので、その穴を通って、水が流れ込んできます。そうした場合は、畝だけでは対処できませんので、明渠《めいきょ》という方法が必要になります。

明渠とは、つまりは溝のことです。畑の周辺に溝を掘ります。水路を作るわけです。隣の田んぼから流れてくる水をその水路に染み込ませ、低い方へと流し、畑の外へと出してしまいます。そのためには、畑の高低差をある程度把握する必要もありますので、日常的に水がどっちに流れるかを観察しておいてください。隣の田んぼの水を抜く場所が北側にあれば、大概は北側に水は流れるはずです。南側なら南に流れると思います。

それでも水は抜けきらないことはありますので、水が多いところでは水が好きな湿地帯の野菜のナスや里芋など、逆に乾燥気味の場所には、トマトやジャガイモなどを作付するなど、水はけの状態を利用するということも、良い方法だと思います。

太陽を見る

太陽に関しては言うまでもなく、当然、日当たりが良い方が、光合成が活発になるので、畝の向きなどを工夫して作ればよいというだけです。

大方の場合、東西の方向に畝を作ると、一日中日当たりは良くなりますが、南寄りの畝に背の高い作物を作ってしまうと、その畝の北側の畝が一日中日陰になってしまいます。当たり前と言えば当たり前ですが、東西に畝を作った場合は。南側に背の低い野菜、北側に背の高い野菜を作っていくことになります。それでも背の高い野菜は結構多いので、日陰は出来てしまいます。

畝を南北の方向に作れば、一日のうち、必ず

太陽を見る

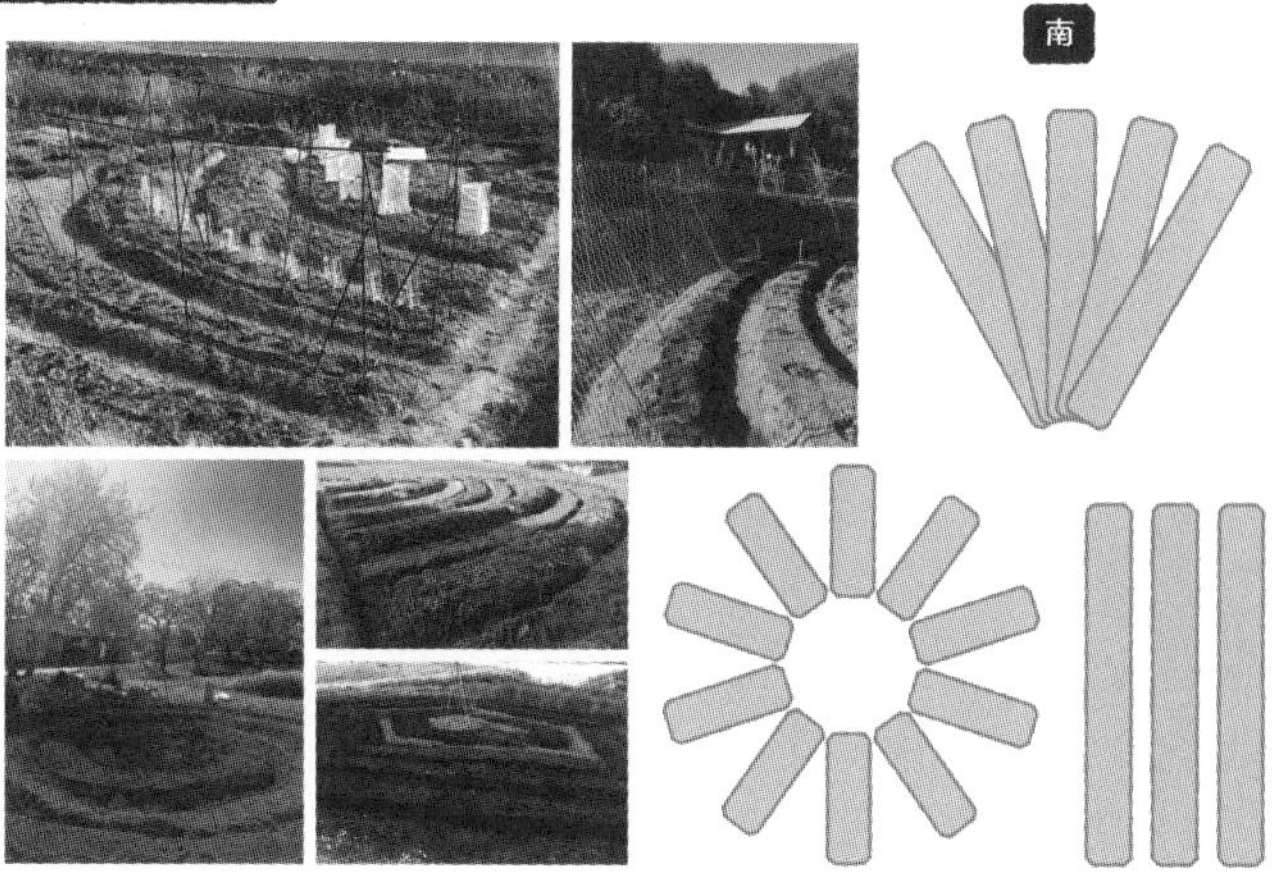

一度は日が当たります。長く当たるところと、2、3時間しか当たらないところ、朝日が当たるところ、夕日があたるところと分かれてしまいますが、一般的にはこちらの方が多いように思います。

畝は南北や東西だけにこだわらず、放射線状にしたり円形にしたりするなどして、日当たりを調整する方法もあります。作業効率は下がりますが、日当たりだけでなく風の抜けなども良くなることもあるので、あまり形式にこだわらず、自分の好きなように設計してみることをお勧めします。楽しい畑であることはとても大事ですから。

ちなみに、半円形畝などは、風と光と、両方のメリットを享受できる形です。ビニールマルチが張りにくいとか、トンネル支柱を付けにく

太陽と風を利用する

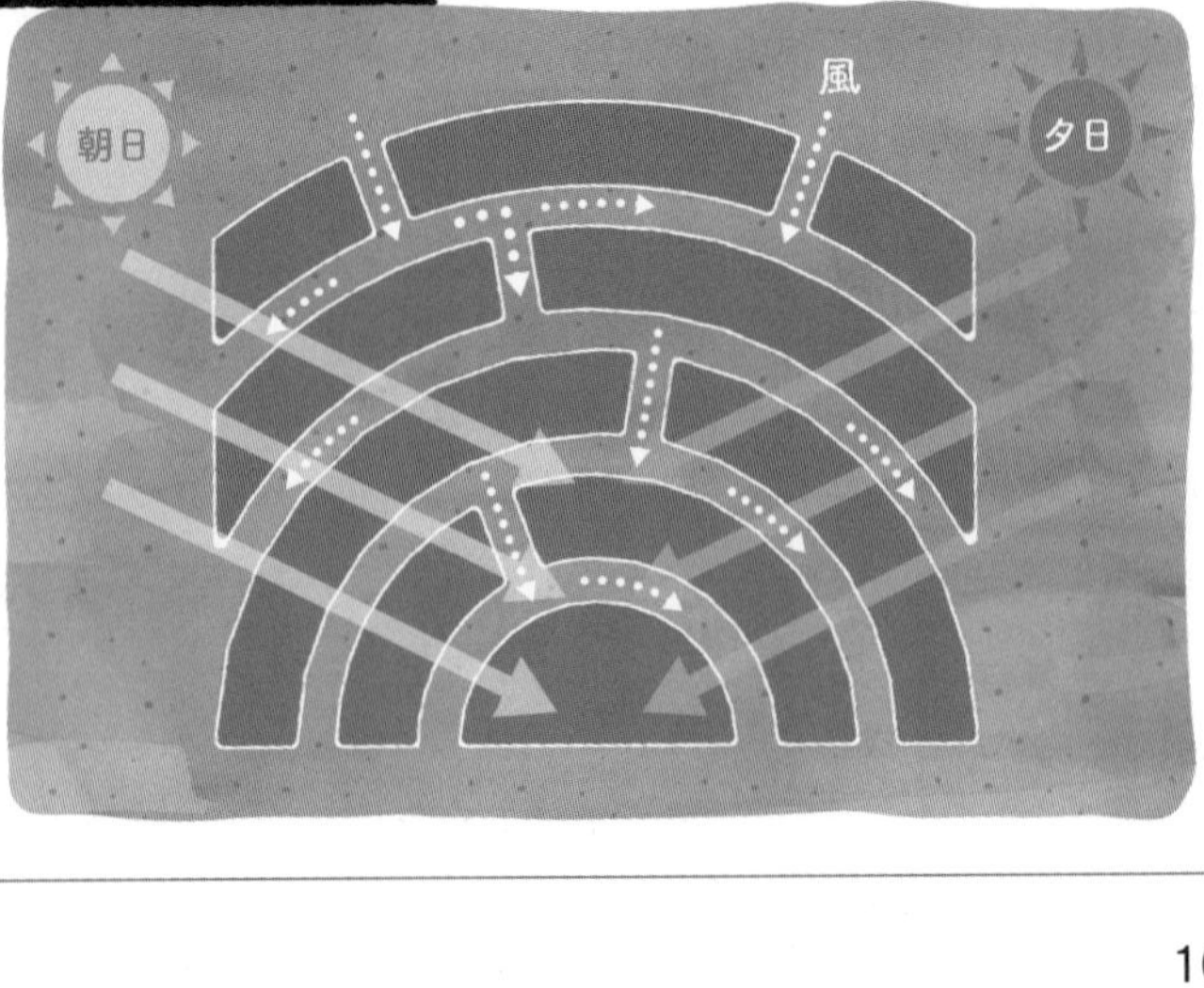

いというデメリットもありますが、少なくとも風と光を上手に受けることができます。

硬盤層の確認

最後に土を確認してみます。特に、硬盤層と呼ばれる、硬い土の層がないかを確認します。確認するためには、ある程度土を掘ってみる必要があります。もし硬い層があれば、畝を高く設計したり、硬い層を壊す作物を作ったりするなどの工夫をしていかなくてはなりません。

土の一番上には、生物層と言われる植物が根を張りやすい層があります。この層は根によって柔らかく解されている場合が多く、またミミズやモグラなどの動物によっても土が解され、土の中に空気層が作られています。

その下には、保水層と呼ぶ少し硬い層があります。この層は少し粘土質であり、空気層も少なく、根も細い根だけが届いています。この層には水が残りやすく、植物はこの層にある水を利用していると考えています。

その下には、更に硬い層がある場合があります。これを硬盤層と呼んでいます。これも自然界が作った層であり、要は岩石などが土に変化していく途中の土だと思えば良いでしょう。ここにはミネラルは少なく、ミミズなどの虫や微生物もすくないと考えられます。この層自体は大きな問題にはならないのですが、稀にこの層が浅いところにあることがあります。その場合は、この層をある程度解さないと、植物は根を張れずに、大きく育つことが難しくなります。

この硬盤層ですが、自然界が作った層であり、深いところにあればあまり問題にはなりませんが、この層に似た層を、人間の作業によって作ってしまうことがあります。これを耕盤層と呼びます。同じく「こうばんそう」と呼びますが、使用する漢字が違います。耕すという文字を使っていることでお分かりになると思いますが、この層は、トラクターや重機などの重い機械を使用することで作られる層です。この層は水はけが悪く、土も冷たくなりがちなため、この層が20㎝や30㎝という浅いところで出来ていると、作物の生長を阻害することがあります。機械で作られるので、大概浅いところにあります。田んぼなどでは、この層をわざと作り、水

土を見る

《土の層を見る》

硬盤層　この層があっても問題ない

- 自然界に存在する水補給路
- 表土から30cm以下に存在
- 水が簡単に染み込む（色は黒）

耕盤層　この層は破壊する必要がある

- トラクター/重機で作られる層
- 表土から15cmから20cmに存在
- 水が染み込まない（色は茶か表土と同じ）
- スコップ・サブソイラーなどで切る

肥毒層　この層は破壊する必要がある

- 石灰・リン酸が残留した層
- 表土から20cmから30cmに存在
- 水が染み込まない（灰色に色変わりする）
- 作物で肥料を抜く⇒イネ科（ソルガムなど）

が抜けないようにするわけですが、畑でこの層があると実に厄介です。つまり、元田んぼであった場所を畑にすると、この耕盤層が作物の生長を邪魔するということですので、ある程度は壊す必要が出てきます。

耕盤層を壊すには、トラクターにアタッチメントするサブソイラーやプラソイラーと言った機械で壊すのが一般的ですが、多くの方はこの機械を持っていません。持っている人にお願いする方法はありますが、高価な機械ですので、すぐには難しいかもしれません。この機械は大きな金属の爪を土の中に差し込み、引っ張ることで耕盤層を壊すわけですが、これを植物で行うという方法もあります。ただし、大変長い時間がかかりますので、この層があることが確認できたら、半年や1年ぐらいは作物の作付を中止する決断も必要です。

耕盤層を壊す植物として最も有名なのは、ソルガムと呼ばれる、タカキビの仲間です。背が高く根が深いのが特徴で、大きなもので高さ3m、太い複数の根も1mほど伸びますので、これから耕盤層の中に割って入り、その割って入ったところから水が染み込んで壊れるという理屈です。ソルガムは種まきから、根が深く入るまでに3カ月ほどかかりますので、暫くは作付ができないということです。詳しくは、後程紹介する、緑肥栽培のところを読んでください。

もう一つ厄介な層があります。これを肥毒層と呼びます。これは、硬盤層などに化学肥料が溜まりこんだ層のことです。この層は硬いため、散布した石灰肥料などがその層で留まって作られます。

通常、石灰は雨によって地下水へと流されていきますが、その層で留まってしまうわけです。相撲の土俵を作るときに使うのが石灰ですから、どれだけ硬くなるかは想像しやすいと思います。また、リン酸肥料なども残りやすい層です。リン酸がイオン化した後、亜鉛などの金属系のミネラルとキレートしてしまい、それらがこの層に残ってしまうのです。そうすると、この層は硬く冷たい層となり、野菜の根はこの層を嫌って伸びなくなると言われています。この肥毒層を無くすには、同じくソルガム等の緑肥を使用するしかありません。

このように、畑を設計すると言っても、最初に考えなくてはならないことがたくさんあります。自然の助けを借りながらの栽培ですから、まずは自然をどう使うかという点と、人が施してきた、自然にとっては余計なことを如何に排除していくかという点が、大切であるということです。

作付計画とコンパニオンプランツ

コンパニオンプランツ

無肥料、無農薬で野菜を作ろうとする際には、通常の栽培とは違った視点が必要です。それは今までのところを読んでいただくだけでも理解していただけると思いますが、特に草に対する考え方を変えていく必要があります。

雑草が野菜の生長を阻害するという考えは極めて一般的ではありますが、必ずしもそうではないという面もあります。雑草が生えるおかげで土が豊かになり、その結果野菜が育つようになるという考え方です。その理由は、今まで書いてきたように、土というのは植物が作り上げた産物であるからです。どんなに草を刈っても、土というのは次々と草を生やします。これは、土自体も草が必要なことを理解しているためであり、草があることで微生物が増え、草がミネラルを集めて有機物として土に戻り、微生物がそれを分解することで土が出来上がっていくという、当たり前の自然の循環を繰り返しているからに他なりません。

無肥料で野菜を作るということは、つまりはこの循環を止めないということです。普通の栽培では、草を刈り、刈った草は持ち出してしまうので、残念ながらその循環が起きませんから、肥料で補うということをするわけですが、無肥料栽培の場合は、畑から有機物を出来るだけ持ち出さす、持ち出さないどころか、逆に増やしていくという営みを実現する必要があります。

また植物は、お互いに助け合って生きています。草には沢山の種類があり、多様性が守られていますが、それは、植物それぞれに役割があるからです。人間社会でも役割があるように、植物にも役割があります。それと同じく、野菜たちや草たちにも役割があり、その役割をしっかりと果せるように、多様性のある畑を作り上げていく必要があります。それがコンパニオンプランツというものです。日本語で言うと、混植とか混作とかになりますが、もっと分かりやすく言うと、寄せ植えということになります。

連作障害

連作障害という言葉を聞いたことがあるでしょうか。これは例えばナス科などを毎年同じ場所で作付すると、なぜか育ちが悪くなったり、病気がちになったりする現象です。去年はあんなにうまくトマトが育ったのに、今年は同じ場所でも全然育たない、そんなことを栽培者は必ず経験します。

この理由はとてもシンプルで、トマトを栽培すると、その畝の土にはトマトと共生する菌がたくさん集まります。また、トマトはトマトを生育させるためのミネラルをたくさん使います。この状態は、微生物のバランスも、ミネラルのバランスも狂うことを意味しています。これは当然のことでしょう。スーパーマーケットにベジタリアンの人しか買いに来なければ、肉や魚やチーズは売れ残り、野菜は品不足になります。それと同じことです。この状態で、さらにベジタリアンの方が買い物に来ると、野菜が買えずに困ってしまいます。

連作障害とは、その野菜が育つために必要なミネラルが枯渇してしまう現象でもあり、微生物のバランスが狂うことで、病原菌が増殖してしまう現象です。これを防ぐためには、別の場所で育てるか、その場所の微生物のバランスを整え、ミネラル補充していく必要があるわけです。しかし、良く考えてみると、自然界では連作障害というのはあまり起きません。もしくは毎年、生えてくる雑草の種類が変わったりもします。つまり、自然界では、連作障害を防ぐ方法を獲得しているということですから、それを見習えばいいということになります。

では、どうやって見習うかですが、一言で言えば、一つの場所をトマトだけにしないということです。自然界は一種類の植物で覆われることは稀です。大概は多くの種類の草が生えています。ヒントはここにあります。それぞれに色んな草が生えると、共生する菌も別々ですし、使用するミネラルの種類も少しずつ変わっていきます。もし、とある菌が増えれば、その菌に拮抗する別の菌と共生する植物が生えてきたり、とあるミネラルがたくさん使われたりしてしまうと、そのミネラルをあまり使わない植物が生えてきます。これが毎年そこの草が生え続けられる理由です。

これを模倣するのが、僕のコンパニオンプランツです。一つの畝には複数の種類の違う野菜を一度に植えてしまいます。もしくは、トマトはナス科なので、ナス科ではない草を刈らないで残すようにするわけです。

コンパニオンプランツの実際

では、どのようにコンパニオンプランツしていくかというと、このような考えで作っていきます。

ヒガンバナ科 ⬇ 消毒の役割として病気を防いでもらう

ヒガンバナ科の野菜は、根から放出する酸や根の周りに集まる菌が、土の中の病原となる菌を抑えると言われています。このことは科学的に正確に理由が分かっているわけではありませんが、無肥料栽培や自然農法ではその効果が実証されています。

キク科・シソ科・セリ科 ⬇ 虫除けとして周りを囲ませる

匂いの強い野菜というのは生物毒を持っています。野菜の匂いの多くは、虫食いを自らの力で防ぐために、内生菌と協力しながら作り上げている生物毒なわけです。特

コンパニオンプランツ

に、キク科、シソ科やセリ科の匂いを嫌がる虫がいると言われています。これはすべての虫に効果があるわけではなく、一部の虫だけですが、野菜にやってくる虫の絶対数を減らすことができます。

参考までにですが、ミントなどの草も強い香りで虫よけに使われます。ただし、ミントは地下茎で伸びる勢いの強い草なので、ミントの葉を畑に撒いておいたり、匂いだけをアルコールで抽出したりして利用することはありますが、ミントをコンパニオンプランツで使うことはあまりありません。また、草ではありませんが、丁子、いわゆるクローブなども作物の周りに撒くだけで効果があります。

マメ科 ⇩ 土壌への窒素取り込みに役に立つ

これは、マメ科の植物の多くが、根粒菌という菌と共生関係にあることが理由となっています。根粒菌というのは好気性の菌で、地表面近くに棲んでいますが、マメ科の根が張ってくると、その根の中に寄生します。寄生されたマメ科は、根を成長ホルモンによって膨らませて根粒を作り、根粒菌の住処を提供します。根粒菌はその中で、土壌中の空気から窒素を取り込み、アンモニア態窒素を作って植物に提供します。提供されたアンモニア態窒素を植物は窒素として使える硝酸態窒素を変えて利用し、お礼に、炭素化合物を根粒菌に与えます根粒菌がマメ科の根に寄生してアンモニア態窒素を作っている間に、このマメ科を、根を残して刈り取りすると、この根粒の中にあるアンモニア態窒素が放出されて土が豊かになります。ですので、コンパニオンプランツとして利用する場合は、青い状態で食べる豆、例えばインゲンや枝豆、蚕豆などを使用します。

●アブラナ科 ⬇ ミネラル吸収を助けるクエン酸が放出される

土の中のミネラルを溶かすのは、植物の根から放出される酸です。有機酸あるいは根酸などと呼ばれていますが、アブラナ科はこの酸を多く放出すると言われています。実はアブラナ科は菌根菌の力を借りずにミネラル吸収をするのですが、この際、イオン交換という方法を用います。そのためには、水素イオンを放出する必要があり、根から放出される酸が土の中で分解すると水素イオンが生成されます。つまりアブラナ科を作ると、土の中のミネラルが溶けやすくなり、ミネラル吸収が良くなるわけです。ただし、土自体が酸性に偏りがちになるというデメリットもあるため、このアブラナ科を収穫するときは、必ず根を残しておく必要があります。根の主成分はカリウム、カルシウム、マグネシウムですので、土を中性に戻してくれるわけです。

これを参考に、コンパニオンプランツをしてみたのが写真のような構成です。夏のトマトには、ヒガンバナ科のネギ、アブラナ科のルッコラ、シソ科のバジル、マメ科のインゲンマメ、そしてメインのナス科のトマトです。このコンパニオンプランツでは、主役はあくまでもトマトですので、トマト以外の野菜が育ちすぎる場合は、できるだけ収穫するなりして、勢いを落としてあげます。周りは脇役ですから、主役と脇役が逆転しないように注意します。

　冬のブロッコリーには、ヒガンパナ科のネギ、アブラナ科の小松菜、キク科のレタスと春菊、マメ科のエンドウマメを植えました。これらもあくまでも一例であって、この通りでなくてはならないということでもなく、また、野菜ではなく、同じような科の草が生えているなら、そ

畑マップ（例）

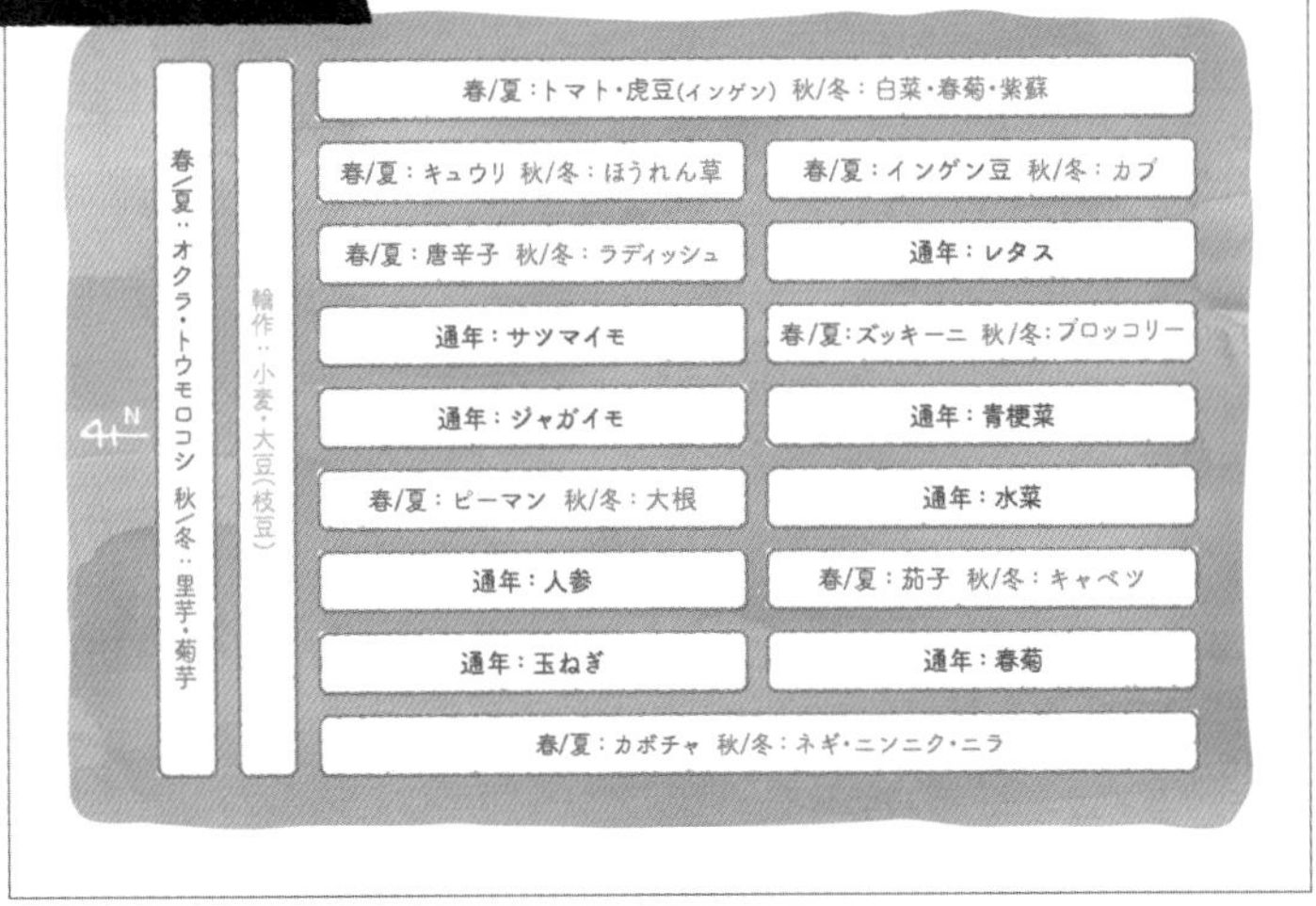

れに任せるのも一つの手段です。連作障害に悩まれている方は、ぜひ試してみてください。

作付計画

ところで、夏野菜、冬野菜のコンパニオンプランツの例を書きましたが、春夏野菜作付の後、秋冬野菜を作付するわけですが、この作付の工夫によって、連作障害を防ぐ方法もあります。ナス科の後にはアブラナ科を作るといった、一年を通して、相性の良い野菜を交互に作るという方法です。

この例で言うと、ナス科のトマトの後はアブラナ科の白菜を作付します。ウリ科のキュウリの後は、ヒユ科のホウレンソウ、マメ科のインゲンマメの後はアブラナ科のカブを植えます。このように、春夏と秋冬で相性の良い、つまりは生態の違う野菜、使用するミネラルのバランスも、共生する微生物の種類も違う野菜を交互に作る方法も、とても有効だと思います。

緑肥栽培による土づくり

ある程度の規模を超えた畑作の場合、雑草堆肥を準備するのが難しい場合があります。僕の経験では、3反（900坪）までなら雑草堆肥を作っては、畑の畝にすき込んでいく方法で土づくりはできますが、3反を超えた場合は、作らなくてはならない雑草堆肥の量が多すぎて、非現実的な栽培方法となります。そこで、雑草堆肥を使わないでも土づくりができる方法を説明してみようと思います。

基本的に土壌が壊れているという前提で考えていきます。借りたばかりの畑が、前作の人が化学肥料や牛糞などを大量に使用したとか、今まで土づくりをせずに作付してきたなどの場合は、自然の摂理に則っていないために、植物が生長するための基本的な仕組みが整っていません。化学肥料や牛糞、鶏糞などを使う畑は、言ってみれば力ずくで作物を育ててきた畑であり、微生物バランスもミネラルバランスも壊れています。もちろん、それでも野菜は育ちます。なぜなら、大量のミネラルを外部投入さえすれば、野菜はそのミネラルで育つからです。

しかし、無肥料栽培は、外部投入はほとんどしませんので、自然の摂理に則らない限りは、野菜は生長できません。ですので、まずは自然の摂理を取り戻すということが大事です。そのためには、自然界の植物を利用するのが最もふさわしいと僕は思います。それが緑肥栽培ということになります。緑肥とは、肥料の一種と思われがちですが、いわゆる収穫しない作物のことです。多くは草であり、ある程度育ったら、刈り取り、刻んで、土の中で分解させることを目的として育てます。それによって、土の中に有機物が増え、その有機物を分解する微生物が増え、分解された有機物がミネラルに変わるわけです。

自然の摂理を利用して土づくりをする場合、その土づくりで土壌が肥えすぎるとか、ミネラル過剰になるということはほとんど起きません。自然界というのは、自然なものを利用すれば、適量に調整してくれる能力を備えているからです。痩せた土壌は次第に豊かになり、豊かな土壌は、その豊かさを維持すると考えて差し支えありません。

●ソルガム（イネ科）

では、どのような植物を使うかを考えてみます。それには、耕作放棄地がどのような状態になっているかが、とても参考になります。先に書いたように、耕作が放棄されると、大概、背の高い草が生えてきます。多くはイネ科やキク科だと思います。エノコログサやオヒシバ、あるいはススキやアシなどが生えている場合が多いと思います。これらは日本ではよく見かける強い雑草ですが、多くは人が手を入れてしまった土地に生えてくるところを見ると、これらの草が、人の手によって壊された土を元に戻そうとしているのだということが分かります。

おそらくですが、これらの背の高い草は根も長いので、硬く締まった土を耕そうとしているのでしょう。それを前提に考えれば、同じように背の高い緑肥を作るのが適しているのではと思います。代表的なのはイネ科のソルガムという植物です。よくソルゴーという名前で販売されています。このソルガムは背が高く、根も深い植物ですので、このソルガムを畑全体にばら撒きして、浅くトラクターかけて覆土して育てます。蒔き時期は地域によって違いますが、5～7月です。早く蒔いた場合は、夏には2ｍを超えますので、種を付ける前に、ハンマーナイフモアやチョッパーなどで切り刻んでから、緑肥が茶色に枯れたら米ぬかを撒きます。米ぬかの量は1反あたり300kg程度です。そして、そのまま畑の中にすき込んで行きます。

　ソルガムをすき込むと、土の中で分解を始めます。分解するのに、腐生微生物が増え、土壌菌が増えていき、窒素も増えていきますが、米ぬかもすき込んでしまっていますので、しばらくは炭酸ガスや窒素ガスが出ますし、糸状菌、いわゆるカビも増えます。そのため、すき込んでから2カ月ほど経ってから作付する必要があり、作付は翌年の春からになります。

●ヘアリーベッチ（マメ科）

　マメ科は、土の中に窒素を増やします。この原理は、前に説明したとおり、根粒菌が増えるからです。根粒菌が増え、マメ科の根にできた根粒の中で、根粒菌がせっせと空気からアンモニア態窒素を作り出します。ある程度、マメ科が育ったら、花をつける前に、ハンマーナイフモアなどで切り刻んでからすき込んでいきます。花をつけ、種を付けて枯れてしまうと効果が薄くなりますから注意します。このマメ科も5月ごろに種まきをし、夏には刈り取りますので、ソルガムと同時播種でも良いと思います。ただし、ソルガムは生長が速く、背丈が高くなり、マメ科に日が届かなくなるので、同時に播種する場合は、ソルガムを少な目にする必要があります。ヘアリーベッチがソルガムに巻きついて登っていけば、しめたものです。

アフリカンマリーゴールド（キク科）

マリーゴールドはキク科ですが、マリーゴールドは、過去に牛糞や鶏糞などを撒きすぎて、センチュウという虫が増えるなど、土の中の状態が病気がちになりそうな場合に効果があります。マリーゴールドは種類がたくさんありますので、緑肥に使用するのはアフリカンマリーゴールドです。蒔き時は同じく春ですが、他の緑肥と同時蒔きになると非常に芽吹き難くなりますので、センチュウなどの被害が多いことが想定できる場合は、ソルガムを播種しないで、このマリーゴールドを蒔くのが良いと思います。夏には刈り取りすき込むことで、センチュウが激減します。

カラシナ（アブラナ科）

カラシナは土壌中のミネラルを溶かす能力を持っています。このカラシナは秋蒔きでも大丈夫ですので、先に書いた緑肥をすき込んだ後、カラシナを蒔き、春に刈り取ってすき込んでから、1カ月後に作付を開始するといった利用の仕方をします。このカラシナをすき込むときは、米ぬかは撒きません。春に米ぬかを撒くと分解が遅く、作付までに米ぬかに付くカビが残る可能性があるからです。

緑肥用の種

これらの種は、収穫するためではないので、緑肥用という種を使用してください。緑肥用は安く、１kgあたり１２００〜１５００円で、一反あたり１〜２kgほど蒔きます。アフリカンマリーゴールドは５０００円ほどしますが、いずれにしろ、緑肥用の安い種で結構です、ただし、多くの種に農薬がコーティングされています。畑に１gたりとも農薬を入れたくない場合は、農薬コーティングされていない種を探してください。数は極めて少ないと思いますので、初年度は種採りだけのために、小さな畑で栽培し、自家採種ができたら、畑に散布するという方法を取るのも、良いアイデアかなと思います。

こうすることで、雑草堆肥を使用しなくても土づくりはできます。緑肥がすき込まれれば、有機物が増え、それらが分解して腐植化していきますので、豊かな土になるのは間違いありません。これを３年続けて行ってから作付する人もいます。３年続ければ、最初からポテンシャルの高い畑として作付できますので、業として無肥料栽培をされる方には、３年は辛抱することになりますがお勧めの方法です。もちろん、一部の畑で行ってください。全部の畑でこれを行うと、完全に無収入になってしまいますので。

第5章

無肥料栽培を実現するために

草対策

無肥料栽培や自然農法では、野菜以外の草は土を作る有機物になるという意味で大切にしますが、草は野菜に比べて生育が旺盛で、野菜の生育を阻害してしまうこともあります。そのため、畝の上では、ある程度は草管理をしていく必要があります。草と言っても、色々な種類の草があり、野菜の生長を助ける草、野菜の生長を阻害する草があるので、それらについて、少し詳しく書いていくことにしましょう。

草をどのように見分けていくかですが、地上部でどのような形態をし、どのように生長し、どのような大きさになっていくかが大切なのはもちろん、根の張り方もとても重要になってきます。根の張り方というのは、地上部の草の伸び方ととても似ていますが、地上部だけではなく、地下部での状態も把握しておく必要があります。

草の種類による性質

●地下茎の根

セイタカアワダチソウ、スギナ、ハマスゲなどは、地下茎の植物です。地下茎の植物の根は、野火に耐え抜き、土を割り、土壌動物が活動しやすくなるように生えています。そのため、草刈りだけでは消えることはあまりありませんし、その地下茎が、野菜の根を張る場所を奪ってしまうために、栽培者にはとても嫌われる草です。

●背の低い草の根

オオイヌノフグリ、カタバミ、ハコベなどは背の低い草です。これも夏盛りになると背丈も高くなっていきます。背の低い草は、根の浅いものが多く、生長が遅いので、うっかり放っておく事が多い草です。しかし、繁茂すると、野菜のミネラル吸収を阻害しますので、適宜抑える必要があります。

●つる性の草の根

カナムグラ、クズ、ヤブカラシなどは、蔓を出して作物に絡む草です。つる性の植物は、根が深く、つるを伸ばす事で勢力を広げる植物で、不定根と言われる根を出す種類もあり、野菜を覆って光合成阻害を起こす厄介な雑草です。また、背の高い野菜があると、巻きつくように登っていき、野菜を倒してしまうほどの勢いがあるものもあります。

地を這う草の根

スベリヒユ、コニシキソウ、トキワハゼなどは地を這う草です。地を這うように生きることで寒さに耐え抜く植物は、春に一番に繁茂する草です。根が浅いものが多く、土を乾燥や高温、低温から守る役割があります。栽培でも利用できる草です。

背の高い草の根

シロザ、アカザ、ススキなどは背の高い草です。背の高い草は根も深く、生長も速いため、野菜の光合成を阻害します。基本的には土を耕してくれるありがたい草なのですが、野菜より大きくなる場合は、早めに対処しないと、畑が草で覆われること

草の種類による性質

《背の高い草》
ササ・アカザ・ススキなど

《つる性の草》
カナムグラ・クズ・ヤブカラシなど

《背の低い草》
オオイヌノフグリ、カタバミ、ハコベなど

《地下茎の草》
セイタカアワダチソウ、スギナ、ハマスゲなど

《地を這う草》
スベリヒユ、コニシキソウ、トキワハゼなど

になります。

草の刈り方、抜き方のポイント

地下茎の草

地下茎の草は地上部だけを刈り取っても、根から発芽してくるものが多く、根絶は難しい草です。地下茎の草は土壌から流亡していくミネラルをキャッチして、地上部にため込む性質を持っている場合があるので、刈り取ったあとに、草を畑の上に残しておくと、地上部が消えることがあります。つまり、役割を果たさせてあげるということです。役割が無くなれば、おのずと消えていきます。あるいは光合成をさせなければ、根に蓄積するミネラルがなくなりますので、やがて消えていきます。

背の低い草

根が浅く、繁茂しない限りは残しておいても問題が少ない草です。ただし、背が低いにもかかわらず、根が深い草もありますので、一度抜いてみることです。根が深い、あるいは繁茂してくるようなら、整理して減らした方がいいでしょう。特に背の低いイネ科の草だけは根から抜くべき草です。根が浅くても、横に細い根をたくさん張りますので、土壌の表面のミネラルや水分を奪ってしまいます。

●つる性の草

つる性の草は、根が残ると再生してきます。つる性ですので、何かに巻き付けなければ生長できないわけですから、つるを切ってしまうと、それ以上は伸びません。ただ、脇芽が出て同じことを繰り返してしまうので、つるを自分自身に巻きつくようにグルグル巻きにしてしまうと、それ以上伸びられずに消えていくことがあります。もちろん、早めに抜き取る方が確実です。

●背の高い草

背の高い草は、背丈が伸びる前であれば、根がまっすぐ伸びているので、抜きやすい草です。背丈が低いうちにすっぽりと抜き取るのが良いと思います。背丈が大きくなったら草刈り機で切り取ればよいのです

刈る草と残す草

残してもよい草の代表格のスベリヒユが唐辛子の周りに茂っている様子

地を這わせことで、地表面の紫外線をカットし乾燥を防ぐ。根により微生物も増える。根が浅く、繁茂してきても簡単に抜くことができる。

残してはいけない草の代表格のアレチノギクにより、大豆が埋まり始めてる様子

生長が速いので、あと数日で大豆が完全に日陰になる。大豆は日を浴びようとして、背丈を伸ばしてしまい、実を生らさない蔓ボケの原因ともなる。

が、セイタカアワダチソウのように地下茎や根から再生するタイプも多く、イネ科などは生長点が地際にあるため、草刈り機で刈っても再生してきます。その場合は、地下茎の草の対処方法と同じように考えます。

残さない草

もう少し具体的に、草ごとに説明してみましょう。学研から2019年に発売された『家庭菜園でできる自然農法』というムックに掲載された僕の記事の内容と一部重なります。なお、ここに書いたのはあくまでも一例ですので、書いていない草については、似たような草を見つけて、当てはめてみてください。

●オヒシバ・メヒシバ

芽吹いて間もない頃は根ごと引き抜く。根が抜けない場合は、生長点を切るように、土に刃を入れる。イネ科は、ひげ根を地表面に薄く広く張るため、その近くで野菜を育てると、地表面の水分やミネラルを奪われる。また生長が速いので、野菜を影にしてしまうので、早めに対処する。

●コゴメガヤツリ

繁茂すると、野菜の根が伸びなくなるので、見つけ次第、早めに抜き取る。繁茂すると、横に広がってしまい、他の草の生える場所を奪ってしまうので、できるだけ畝の上は抜いた方がいい。通路などの場合は、刈り取って敷いておく。

ギシギシ

芽吹き直後でも根は深い。本葉が2枚位であれば抜ける。抜けない場合は、根ごと掘り出す。根が太く、かつ深いので、畝の傍であれば早めに抜いた方良い。タンニン、シュウ酸等が多いため、ギシギシを嫌う虫は多く、逆にギシギシの虫食いにより他の植物の食害を防ぐこともあり、畑の隅であれば種を付けない程度に残しておく。

シロザ

成長スピードが速いが、簡単に抜けるので、見つけ次第手で抜く。土を耕してくれる草なので、使用していない畑であれば、土を柔らかくするために利用する手もある。大きくなっても抜きやすいので、野菜の光合成を阻害する前に抜く。

クズ

気づいたときには広がっているので、蔓の先端を切ることで伸長を防ぐ。マメ科の植物で、土の中の窒素を増やす良い草だが、繁殖力が強く、根も深く地を這うため、耕運機などに絡んでしまう。土が痩せている場合は利用する手もあるが、通常は見つけ次第抜いた方が良い。

●ヤブカラシ

根が深いので見つけ次第抜く。抜けない場合は、先端の成長点を切る。蔓性の雑草は、野菜を覆ってしまい、光合成阻害を起こすので、早めに対処する。はびこってしまった場合、切っても根が残るので、野菜から引き離し、切り取らずに先端をぐるぐると巻いて、自分自身に巻きつかせれば、自然と消える。

●ササ

地下茎の植物は、根からアレロパシーを出す植物が多く、他の植物の生長を阻害する。地下茎なので、地際で切ってササを被せ光合成をさせない。地下茎は栄養の貯蔵庫なので、光合成をさせなければ、貯蔵するものが無くなり、数年で消えていく。

●ハマスゲ（コウブシ）

地下茎なので、地際で切り、再生してきたら早めに切って、一切の光合成をさせない。地下茎だけではなく、根茎を持つため、根を切っただけでは消えることはない。根茎を取ることは難しいので、笹と同様、光合成をさせないように気を付けると、数年で消えていく。

●セイタカアワダチソウ

地下茎で、アレロパシーが強いので、地上部だけでなく、根を切る。自ら出すアレロパシーで、自家中毒を起こすことがあるので、根を除去するよりも、根を切るように対処すると、やがて芽吹かなくなる。案外弱い植物である。

●**オオアレチノギク**

背が高くなるので、見つけ次第抜く。土を耕す良い草なので、ある程度放置することで土が柔らかくなる。野菜の光合成を阻害するようなら、抜き取るが、土が柔らかくなっているので、抜きやすい。

残す草

次に、残しても良い草です。ただし、こうした草も繁茂すると畑を覆うぐらいになりますし、背丈も高くなりますので、注意してください。あくまでも、ご自身のコントロール下で管理してください。決して放っておくという意味ではありません。

●**ヨモギ**

キク科の植物は虫に食われる事で香りを発し、野菜に付くダニを減らす効果があると言われている。また、キク科は刈り取って、土壌にすき込む事で緑肥ともなる。ただし、地下茎なので、繁茂してきたら、根を切って減らす必要がある。

●**ハコベ**

背が低く、地を這う草は土の表面に降り注ぐ紫外線を弱らせ、土壌微生物の死滅を防ぐ。また、土壌の乾燥を防ぐ事でも有効である。

カラスノエンドウ

マメ科の植物は、土壌中の根粒菌を増やす。根粒菌は空気中の窒素を土壌に固定するので、土を肥やすには最適である。また、アブラムシを引きつけ、野菜の被害を減らす。ただし、夏盛りになると背の高い野菜に絡みつくので、絡みつくようなら除去する。

トキワハゼ

葉をロゼットに広げる草は、土壌表面の地温の上がりすぎや下がりすぎを防ぐので、背が高くならない限りは、適宜残しておく。1年中花を見かける草はミツバチも集まりやすい。

スベリヒユ

ハコベと同じく、葉で土壌表面の微生物を守り、土壌乾燥も防ぐ。スベリヒユは糖度も高く、野菜を食い荒らす虫の天敵を誘う効果もあると言われる。茎が太くなってきたら除去する。

ハキダメギク

激しく繁茂しない限りは、背も低く、葉も小さいので野菜の光合成阻害を起こさず、土壌表面を守り、冬場では冬野菜を冷たい風や霜から守ってくれる。背丈が高くなったら、刈り取って背丈を抑える。

●コニシキソウ

乾燥しやすい畑の表面を這うように広がるため、土壌表面の微生物を守り、害虫の天敵の隠れ場所ともなる。ただし、時に大株になり、根も深めなので、適宜抜き取る必要もある。

●シロツメグサ

カラスノエンドウと同じく、根に根粒菌が寄生するので、窒素が増え、土壌を豊かにすると言われる。ただし、根が張り巡らされ広がるので、繁茂した場合は抑える。

●スギナ

土壌中のカルシウムやマグネシウムを吸収し、地上部の葉に蓄積するため、酸性土壌の場合は、スギナを適宜残し、葉を表面に散らしておくと、酸性を弱める事ができる。繁茂したら、地上部だけ刈り取る。根を取り去るのは不可能に近いので、地上部をできるだけ抑えておく。

場所による草管理の違い

草刈と言っても、畝の上、通路、畝肩、周辺では草刈方法は違いますので、簡単に説明しておきます。

●畝の上

畝の上は、イネ科のようなヒゲ根の多い草、つる性の草、草丈の高い草は、なるべく早めに抜き取る。地を這う草などの残したい草は、繁茂してきたら高さを抑える程度で刈り取る。

畝肩

畝の側面は排水の役目もあるので、土を乾かしたい場合は抜き取る。草の生長が早い場合は、敷き草などで光を遮る。保水性を高めたい場合は、逆に根を残して地上部だけ草刈するか、少し草を残す。

通路

畝と離れた通路は草刈り機や鎌で刈る。刈り取った草はその場で敷き草にしておくと、次の草の発生をある程度抑えられる。また、通路の土が硬くならず、表面は腐植のある良い土になる。

周辺

作付け場所から離れた畑の外周の草は、イネ科の根によって土が締まるので、草の種類を気にせず、草刈り機や鎌を用いて地表面5㎝以内で刈り、イネ科の生長点を残しておく。

以上が草の管理方法です。とても簡単に書いてきましたが、『無肥料栽培を実現する本　第三章　草を観察する編』にも掲載していますので、そちらも合わせて読んでいただけると、より理解していただけると思います。

虫対策

『無肥料栽培を実現する本』で、虫に関しては詳細に掲載しましたが、虫が何かの役割を持って野菜にやってきているという発想で虫を対処する方が、虫対策はうまくいきます。虫が来たからと言って、すべての虫を嫌う必要はありませんし、虫を嫌うことで、生態系が壊れ、むしろ虫が増えるということもあり得ます。少しだけ例を書いてみます。

例えば、蟻は他の小さい虫にとっては怖い存在です。どんなものでも食べ尽くしてしまうからです。蟻は野菜に大きな被害は与えませんが、蟻がいたからと慌てて殺してしまうと、今度はカメムシがやってきます。蟻は植物の番人でもあり、カラスノエンドウなどはわざわざ糖を出して、蟻に餌を与えるほどです。この蟻を怖がっていたカメムシは、蟻がいたので野菜に寄り付きませんでしたが、蟻がいなくなった途端に野菜に集りはじめます。

スズメが小麦などを食べてしまうからと、鳥よけをすると、虫たちの天国になります。鳥は虫の天敵ですので、天敵を寄せ付けなければ、カメムシたちの天国にもなります。ネキリムシと言われるコガネムシの幼虫なども同様で、ネキリムシに根を食われるからと全撤去すると、ネキリムシの匂いでやってきていた寄生蜂が来なくなります。寄生蜂は虫の幼虫に寄生しますので、寄生蜂がいなくなると、青虫たちの天国となってしまいます。つまりひとつの虫ばかりを追い払うと、生態系が壊れて、結果的には虫食いだらけの畑になってしまうわけです。

結局、虫の天敵である鳥、蛙、カマキリなどの捕食系の動物を増やす努力をするのが正しい選択であるわけですが、これもなかなか難しい方法かもしれません。ただ、畑の周りに溝を掘り、水を流して蛙を増やす、鳥の餌となる穀物を作り、鳥に食わせておく、カマキリの卵を見つけたら畑に移動させるなどの方法で実現は可能ですので、もし、一切の虫を自らの手で殺し

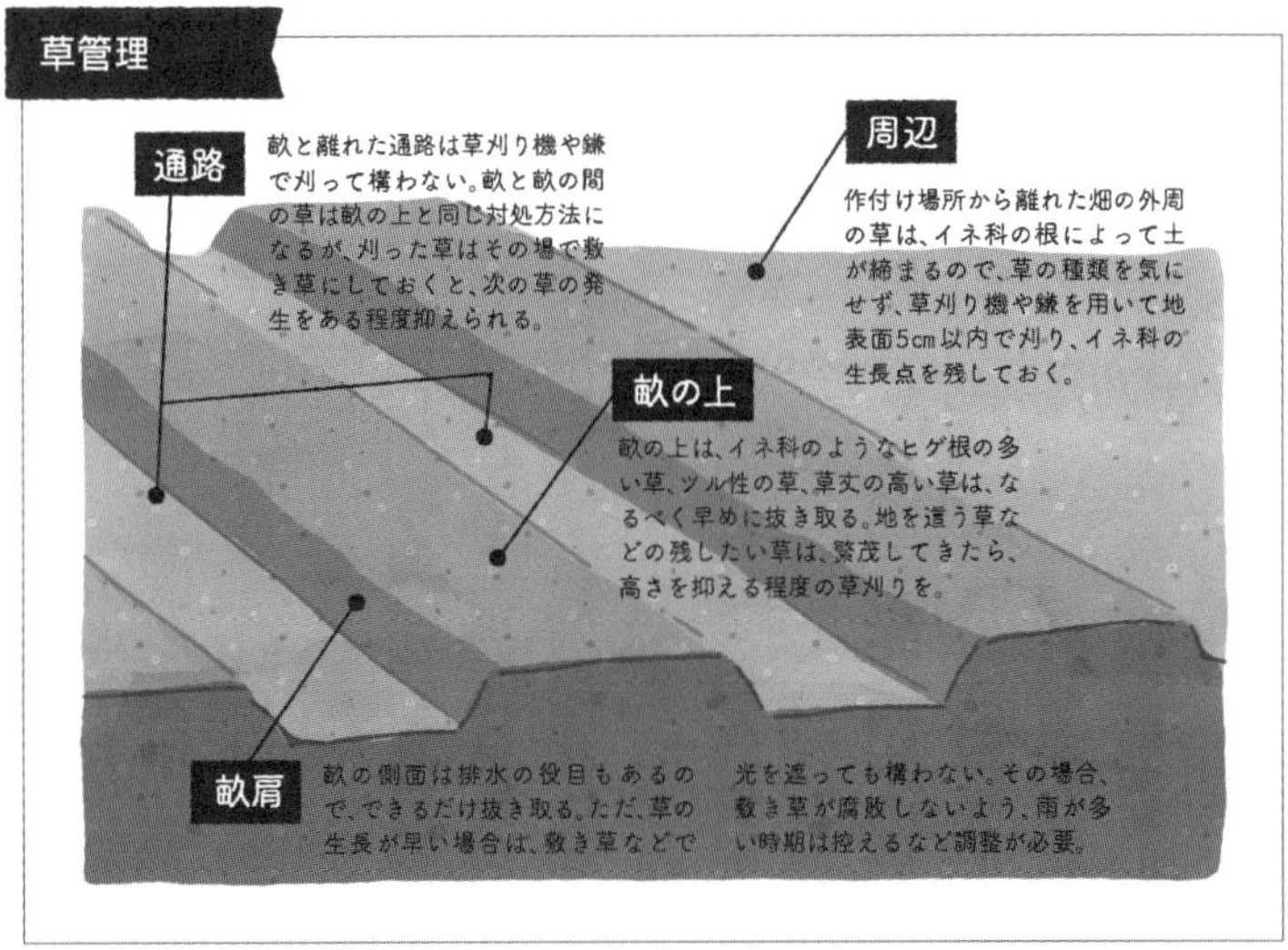
草管理
通路
畝と離れた通路は草刈り機や鎌で刈って構わない。畝と畝の間の草は畝の上と同じ対処方法になるが、刈った草はその場で敷き草にしておくと、次の草の発生をある程度抑えられる。
周辺
作付け場所から離れた畑の外周の草は、イネ科の根によって土が締まるので、草の種類を気にせず、草刈り機や鎌を用いて地表面5cm以内で刈り、イネ科の生長点を残しておく。
畝の上
畝の上は、イネ科のようなヒゲ根の多い草、ツル性の草、草丈の高い草は、なるべく早めに抜き取る。地を這う草などの残したい草は、繁茂してきたら、高さを抑える程度の草刈りを。
畝肩
畝の側面は排水の役目もあるので、できるだけ抜き取る。ただ、草の生長が早い場合は、敷き草などで光を遮っても構わない。その場合、敷き草が腐敗しないよう、雨が多い時期は控えるなど調整が必要。

たくないのであれば、そうした方法を是非やってみてください。

その他には、何故虫が来るかを知ることです。ウリハムシは、ウリ科の植物が持つククルビタシンという生物毒を体内に取り入れて、身を守ろうとする虫です。そのため、ウリ科の葉を良く食べるわけですが、ウリ科も生物毒を出してウリハムシを殺そうと戦っています。ウリ科の生育が悪くなり、枯れ始めたころになると、ウリ科は生物毒を出さなくなります。この時期を狙ってウリハムシが来襲しますので、弱ったウリ科の葉や、ウリ科そのものを撤去することでウリハムシを減らすことができます。

アオムシは、キャベツなどの葉を食べ、糞をしてミネラルの供給の手助けをしています。アオムシは、苗が小さい頃は全部の葉を食べてしまいますが、そこそこ大きくなったキャベツなどは外葉しか食べなくなります。ですので、外葉を食べさせて、ミネラル供給をさせておけばよいのですが、ここでアオムシを全滅させてしまうと、ヨトウムシがそのキャベツに寄ってきます。アオムシのテリトリーから、ヨトウムシのテリトリーに変わるわけです。ヨトウムシは外葉だけを食べるという遠慮がちなことはしませんので、結局、キャベツが丸ごと食い荒らされたります。アオムシの役割を知っていれば、防げた失敗です。

では、どうするのかという点ですが、虫を殺すのではなく、植物を元気にすると同時に、虫を寄せ付けないような方法を取るのが最適かと思います。

昆虫寄生菌による忌避

野菜にアオムシなどの虫がいた場合、ある程度は取り除く必要はありますが、例えば、一匹残して、お尻を鋏で切ってしまうという方法があります。これは切られて瀕死状態の虫にカビが生えることがあるからです。このカビが生えると虫はやがて死んでしまいますが、このカビは虫に繁殖するので、カビがある間は、その葉や野菜に虫が来にくくなるという現象が起きます。

同じような方法として、カメムシを一匹潰して匂いを出させ、そのまま置いておくという方法もあります。この匂いはカメムシの警戒フェロモンであるため、他のカメムシが、この警戒信号をキャッチして、寄り付きにくくなるとい

虫たちの関係

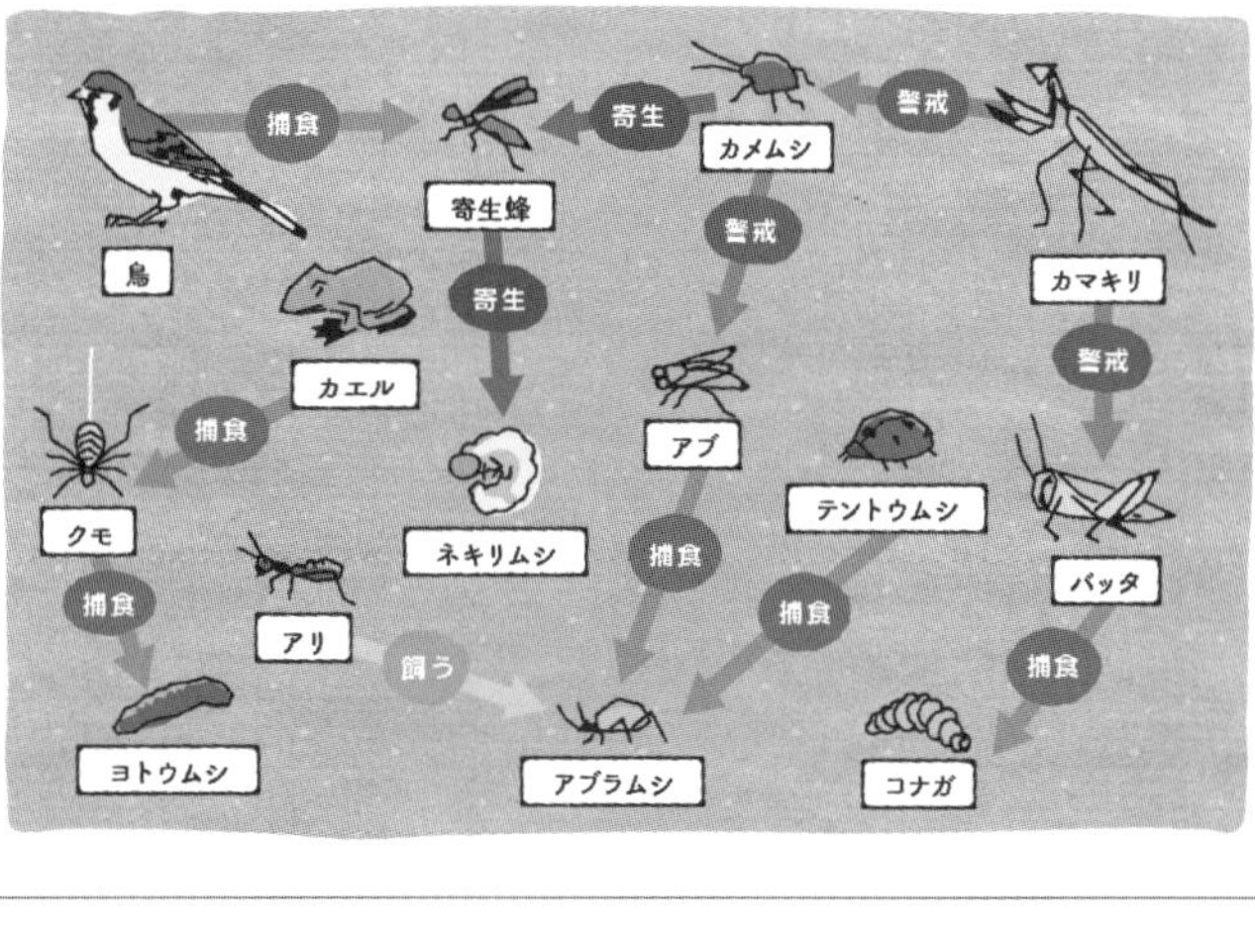

う現象があるからです。また、カメムシをアルコールに漬けておくと、アルコールにカメムシの警戒フェロモンが抽出されますので、このアルコールを希釈して野菜に散布するという方法も、昔から行われてきました。農薬のような効き目はありませんが、方法論としては覚えておくといいでしょう。

虫よけネットをかけておく

種を蒔いたら、収穫までずっと虫よけネットをかけっぱなしにするという方法はかなり確実です。土の中にいるネキリムシなどの虫は防げませんが、少なくとも、飛んでくる虫に関しては、効果があります。キャベツやブロッコリー、白菜などはその方法で守るのが、一番効果的だと思います。

虫の嫌いな匂いで対策する

虫には苦手な匂いがあります。どの匂いが嫌いかは虫によって全く違いますが、植物が色々な香りを持っているのは、虫を寄せ付けないためか、逆に虫を呼びよせるために身に着けている機能です。この香り、つまり匂いを使って、虫よけを行うことができます。

まず有名どころの話としては、ハーブです。ハーブの多くは強い匂いをもっており、ハーブを一緒に植えておくことで、虫を追い払うことができます。例えば、ユーカリ、ペパーミント、ハッカ、タイム、バジル、ローズマリー、ラベンダー、ゼラニウム、ニームなどがあります。これらを畑の畝の周りで栽培するだけでも、ある程度の虫除け効果があると思います。また、これらのアロマオイルを無水エタノールに数滴落とし、精製水を加えて、虫のいる野菜に軽くひと吹きするだけでも、虫が減ります。

虫よけスプレーの作り方

本書では、ハーブを使った虫よけではなく、僕オリジナルの虫よけスプレーの作り方をご紹介しておきます。これは後程説明する、病気対策にも利用できますので、ぜひ覚えておいてください。

材料は、以下のものになります。

- ウォッカ（アルコール度40度以上）
- 丁子（クローブ）
- 竹酢液
- キトサン粉末
- 唐辛子

作り方は簡単です。まずアルコール度数40度以上のウォッカ50㎖に対し、スパイスである丁子（クローブ）を10粒入れ、2週間ほど置いて抽出液を作ります。ウオッカ瓶720㎖1本であれば、100粒ほど入れておきます。2週間ほどすると、茶色い色をした匂いの強いウォッカになります。この匂いが、虫が嫌う匂いです。

丁子の入ったウォッカが出来たら、竹酢液を用意します。木酢液でも構いませんが、タールがない方が植物の影響が少ないと思います。穀物酢などでも構いませんが、効果は少し弱くなります。ただし、お子さんなどがいて、うっかり口にしてしまう可能性がある場合、穀物酢の方が安全です。

この竹酢液50㎖に対し、キトサン粉末を2gほど入れます。キトサン粉末は、エビ殻やカニ

病気・虫の対策液と堆肥

◆ 酢唐酎による対策液（20~50倍希釈）

・アブラムシ・ダニに効果
・その他の虫の忌避効果
・放線菌優位による病原菌減少

つくり方

竹酢液（50ml）

・木酢液（穀物酢、米酢でもよい）
・キトサン粉末（2~3g）をよく溶かす

ウォッカ（50ml）

・クローブ（丁子）10粒入れ抽出（2週間）

それぞれの液体と唐辛子（100mlに一本）を入れよく混ぜる。使用する際に水で適宜薄める。

殻に含まれる食物繊維です。このキトサンを細かい粉状にして健康食品として販売されていますので、これを購入するのが簡単かとも思います。キトサン粉末は食物繊維で、難水溶性ですので、必ず竹酢液で溶かします。これを溶かすことで、竹酢液に粘りが出てきます。良く振ってかき混ぜてください。これはすぐに作れますので、少量ずつ作ってください。竹酢液1本まるごと作る必要はありません。

50㎖の丁子の香りのするウォッカと、50㎖のキトサン粉末入りの竹酢液を混ぜて、そこに唐辛子を1本入れておきます。この状態で保存しておいてください。そして虫を発見したら、この原液を20〜50倍に希釈して、スプレーで吹き付けます。この丁子の匂いとアルコールで、大きな虫、特にカメムシなどが寄り付きにくくなります。飛んでくるような蛾も忌避するようになります。また、粘りのある竹酢液により、ハダニやアブラムシが窒息してしまいますので、小さな虫からある程度大きな虫まで、忌避することができます。

効果は長く続きませんので、時々散布することになりますが、この液体自体は強い酸性を示しますので、かけすぎると、植物自体が弱ってきます。もし葉が全体的に黄色くなってきたら、明らかにかけすぎですので、控えてください。

病気対策

さて、次に病気対策です。野菜の病気というのは、ほとんどが糸状菌と言われるカビ系の病気です。ウィルスに侵されることもありますが、本来植物は、細胞壁によってウィルスの侵入を防いでいるものです。しかし、糸状菌によって細胞壁が壊されてしまうと、そこからウィルスも侵入してきますので、つまり、野菜を病気にさせないためには、糸状菌を減らすことが大事だということです。

雨対策をする

長雨が続くとか、水やりが多すぎるとか、水やりをするときに、強く放水すると、地表面の糸状菌が跳ね上がった水と共に葉の裏に付着し、病気になってしまいます。また、虫がウィルスを連れてきますので、虫が集り、葉が食われると、ウィルスにも罹りやすくなります。

病気にさせないコツは、雨を防ぐ、雨の跳ね上げを防ぐ、あるいは風通しを良くする、日当たりを良くするということになるわけですが、一番確実な方法は、ビニールマルチを敷き、屋根を付けることでしょう。しかし、それでは無肥料栽培や自然農法にはなりませんし、土が痩せやすくなったり、ビニールゴミが出たりするので、僕はお勧めできません。

ビニールマルチの代わりに、麦わらや稲わらなどを敷いておく方法があります。葉がない場合は、刈り取った雑草を野菜の周りに敷き詰めておくことです。これにより、土の濡れ過ぎを防ぎ、水跳ねによる泥の付着も防ぐことができます。ただし、敷草の場合、敷草自体にカビが生えることもあり、そのカビが野菜に付着する可能性がありますので、やはり麦わらや稲わらの方が安全かもしれません。

畑の設計のところで解説したように、絶えず畝の周りに風が吹くように設計し、野菜の根元の草は背丈を高くしないでおく、または野菜の下の葉は欠きとってしまうということで、風通しを確保することも重要です。また、必要のなくなった野菜の葉は、早めに取ってしまうのも有効です。特に黄色くなりかけた葉というのは、枯れていくだけで役目を果たせていませんので、葉を取ることで、風通しが良くなり、日も当たるようになって、病気も抑えられます。

放線菌の力を利用する

病気になってしまった場合の対処法としては、先に紹介した竹酢液にキトサン粉を溶かした対策液を水で希釈して、葉面散布するか、根元に散布する方法です。ウォッカを混ぜた対策液でも大丈夫です。この液体は強酸性ですので、カビである糸状菌を減らすのには効果的です。さらには、キトサン粉末を溶かしているので、糸状菌を減らすことのできる放線菌が増えます。これは、キトサン粉末が放線菌の餌となるからです。このキトサン粉末を溶かした液体を散布すると、放線菌が増え、カビである糸状菌が減ってくることで、病気になりにくくなります。

葉の表面に現れる、うどんこ病のような白いカビは、この対策液を葉面散布します。また、土壌伝染するような病気の場合は、根元に散布します。

●うどんこ病などの表面のカビ

対策液を20倍に希釈し、葉面散布する。3日に1回程度で、症状が広がらないような

対策液による土壌伝染系の病気対策

- 対策液は2日おきに散布する（1株100ml 程度）
- 草木灰水も2日おきに散布する（1株100ml 程度）
- 対策液散布と草木灰水散布は1日空ける

1日目	2日目	3日目	4日目	5日目	6日目	7日目	8日目	9日目	10日目	11日目	12日目	13日目
対策液散布 1株100ml		草木灰水散布 1株100ml	対策液散布 1株100ml		草木灰水散布 1株100ml	対策液散布 1株100ml		草木灰水散布 1株100ml	対策液散布 1株100ml		草木灰水散布 1株100ml	対策液散布 1株100ml

◆ 対策液

酸性のため、アルカリ性の草木灰水を間に散布する

◆ 草木灰水

1Lの水の場合草木灰を10g溶かす

どちらも根の周りに散布する

らすぐに散布を中止する。

●土壌伝染するような病気

対策液を50倍に希釈し、根元に２００ccほど散布する。これを2日おきに2週間ほど続ける。

なお、対策液を撒かない日は、時々、草木灰を水に溶かした液体を散布する。

草木灰を溶かした液体を散布する理由ですが、対策液は強い酸性を示すので、土壌が酸性のまま維持されてしまいます。そうすると、作物の生長も悪くなってしまいますので、時々、草木灰を水に溶かしたアルカリ性の水を撒いて中和させます。これはミネラルの補充にもなります。１ℓの水に灰を10gほど溶かした液体が有効です。

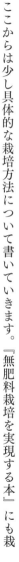

僕の経験では、この対策液で、白絹病や褐斑病、青枯れ病などが回復しています。病気に悩んでいる方は是非お試しください。

苗づくり

ここからは少し具体的な栽培方法について書いていきます。『無肥料栽培を実現する本』にも栽培方法を記載していますので、詳細はそちらを読んでいただきたいのですが、内容があまり重複してもいけませんので、本書では、無肥料を実現するためにコツと言った視点で説明していきます。必ず、『無肥料栽培を実現する本』も参考にしながら、読み進めてください。

春夏野菜の苗づくり

苗半作という言葉がありますが、農業の仕事の大半は苗を作る作業に追われます。苗づくりがうまくいけば、栽培も成功する可能性も高くなりますし、苗づくりに失敗すると、その後のリカバリーは大変難しくなります。畑で直接種を蒔く方法もありますが、夏野菜は寒い時期から作り始めないと間に合いませんし、冬野菜も暑い時期から栽培が始まります。そもそも人気の野菜が、日本の気候に合っていないのが原因です。

まず、苗を作る野菜は、ナス科とウリ科です。3～4月に苗づくりを始めます。暖かい地域では2月から始めるところもあります。ナス、ピーマン、トマトのナス科、キュウリ、ズッキーニ、カボチャ、スイカなどのウリ科です。これらは苗を温かくして作り、気温が上がってきたら、畑に植え付けます。

苗を作るには、まず苗土を作る必要があります。苗は赤ちゃんを育てるように、完全食を与え、寒ければ暖かくしてあげる必要がありますし、虫や病気からもしっかりと守ってあげなくてはなりません。そこでまず、苗土の作り方をご紹介します。

　苗土にホームセンターなどの培養土を使えば簡単な話ですが、肥料が入っているものがほとんどなので、無肥料の苗土を自作します。そのためには、まずは畑の土を使います。畑の土がない場合は、黒土という市販の土もあります。畑の土だけで苗を作ると、水やりのたびに土からミネラルが流亡してしまいますので、やがてカチカチになり生長が止まります。そのため、ミネラルの流亡を防げ

苗づくり

❶ 苗土を作る

- 畑の土または雑草堆肥（体積：50％）
- 赤玉土（鹿沼土）（体積：20％）
- バーミュキュライト（体積：5％）
- ピートモス（体積：20％）
- もみ殻くん炭（体積：5％）

◆ 春夏野菜の温度は15度～40度内をキープ
◆ 秋冬野菜の温度は30度以下をキープ
日中（11時～14時）は遮光シートで日陰にする

❷ セルトレイに苗土を入れる
❸ 土を濡らして水を切る
❹ 三粒蒔きする
❺ 濡れた新聞紙をかける

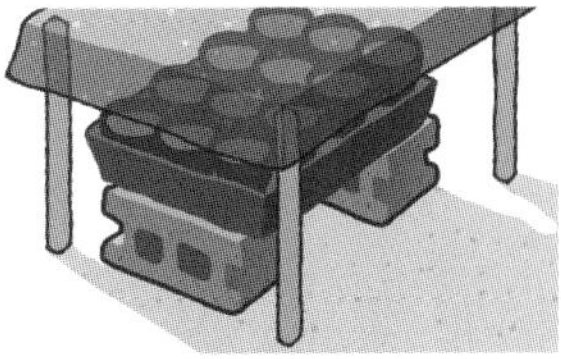

❻ ビニール温室で保温
（またはビニールトンネル）
❼ 芽が出たら新聞紙を取る
❽ 土が乾かないように水やり
❾ 本葉1枚で1本に間引き
（鋏で地際で切る）
❿ 本葉2枚で10.5cmポットに鉢上げ
（鉢上げの土は畑の土を使用する）

る物理性の良い土を作らなくてはなりません。特に水はけが悪いと、気温が高くなると根が腐る可能性もありますし、うっかり水やりを忘れると水が枯れて、苗も枯れる原因となります。

畑の土、または自作した雑草堆肥を採取したら、その土を良くふるい、枝や石などを取り除きます。この土は全体量の50%とします。そこに赤玉土の小粒を20%混ぜます。赤玉土は水持ちが良くなり、かつ粒が大きいので、水はけもよくなります。次にバーミキュライトかパーライトを5%混ぜます。どちらも元は鉱石ですので、ミネラルを吸着する力を持っていますので、ミネラル流亡が防げます。そこにピートモス、いわゆる水苔を乾燥させたものを20%混ぜます。これは窒素などを含むミネラルの塊です。水苔は酸を使って石を溶かし、ミネラルをため込んでいますが、強い酸を出す関係で、ピートモス自体が酸性に寄っているため、同時にアルカリ性を示すもみ殻くん炭を5%混ぜます。もみ殻くん炭は、お米の籾殻を炭にしたものです。このくん炭もミネラルの塊です。

苗は、最初はセルトレイで作ります。苗をたくさん作る場合、大量の苗土が必要になりますが、セルトレイは、カレーのルーが入っているようなプラスチックの育苗用の資材です。ホームセンターで販売しています。このセルトレイを使えば、土の量を節約できます。

セルトレイに土を入れ、水をかけたあと、しっかりと水を切ります。水が切れたら、種を3粒ずつ浅く蒔き、覆土してしっかりと押さえます。しっかり押さえないと発芽しませんので注意してください。種が土と密着することが重要です。そして濡れた新聞紙を上からかけて遮光します。種は通常、月明かりぐらいの明るさで発芽します。新聞紙をかけることで、月明かり程度の明るさにしているわけです。

春夏の場合は、保温が必要ですので、ビニールトンネルや温室の中で育てます。温度的には夜は15度を下回らないようにします。昼間は暑くなりますので、40度を超えないように注意します。時々新聞紙をめくって確認し、少しでも芽が出てきたら、新聞紙は取ります。取り遅れると、苗がヒョロヒョロになりますので、注意してください。

新聞紙を取ったあとは、土が乾かないうちに水やりをして育てます。水は多くやり過ぎると苗がヒョロヒョロになりますし、ミネラルも流れやすく、病気も発生しやすいので、注意してください。

双葉が出た後、本葉が1枚出たら、1本に間引きします。一番元気の良い苗を残して、後は鋏を使い、地際で切ります。本葉が2枚になったら鉢上げをします。鉢上げとは、セルトレイより大きな単独の10.5㎝または9㎝ポットに移し替えることです。できれば大きめのポットの方が安心です。この時に使う土は、畑の土になります。ポットに畑の土を入れ、真ん中に穴をあけ、セルトレイから根を切らないように苗を取出し、ポットの穴に埋めて、土を乗せてしっかりと押さえます。ここでも押さえ足りないと、苗が枯れてしまいます。苗を鉢上げすると、新しい根を出し始めます。新しい根が出ると、再び生長が加速していきます。そして、本葉が5枚以上出たら、畑へと移します。

秋冬の苗づくり

秋冬の苗づくりは、春夏と基本同じですが、秋冬野菜は7~8月で苗づくりをするため、温度が上がり過ぎないように注意します。秋冬野菜は30度を超えると、生育が悪くなるからです。そのため、一番熱い時間帯である11時から14時は日陰になるように工夫します。また、苗を直置きせず、下に風が通るようにして、苗土の温度が上がらないように工夫します。水が多すぎたり、日陰になりすぎたりするとヒョロヒョロな苗になりますので、様子を見ながら調整してください。

野菜ごとの栽培方法

トマト

トマト栽培は夏野菜の醍醐味です。トマトは乾いた土を好みます。そのため、必ず畝を30㎝以上の高さで作り、雑草堆肥と草木灰を混ぜ込んだ後に定植します。株間、つまりトマトの苗と苗の間は60~80センチほど空けておきます。

僕の栽培では、トマトの脇芽は残します。トマトは通常、植えた苗から枝分かれを繰り返してどんどん広がっていく植物です。枝分かれした枝を脇芽と呼びますが、この脇芽を伸ばすと、あまり良いトマトができないと言われています。本来トマトは地を這う野菜であり、茎のあちこちから根を張る植物なのですが、立てて栽培してしまうと、根張りができないため、栄養不足になると言われているからです。

通常の栽培ならば脇芽を取ってしまいますが、実は脇芽を取ると、根が少なくなるという現象が起きます。主軸が伸びていくと同時に、直根も伸びていきますが、脇芽を伸ばすと、それに合わせて、側根が何本も出てきます。しかし脇芽を取りすぎると、この側根が出にくくなり、根が少なくなるのです。そのため、僕の栽

トマトの管理

トマトを斜めに張ったネットで支える。脇芽をある程度残して根を増やし、果樹のように仕立てる。

摘芯
（11段までで摘心）
11番花
2番花
1番花
残す脇芽
脇芽欠き
（一番花より一段下の
脇芽から上の脇芽を残す）
葉欠き
（虫を呼ばないため）
◆ 残す脇芽の数を決める
（大玉：3本，中玉：5本，ミニ：8本）
◆ 小さい脇芽は指で採る
◆ 大きな脇芽は
酢で消毒した鋏で切る
◆ 大きくなり過ぎた脇芽は
無理に採らない

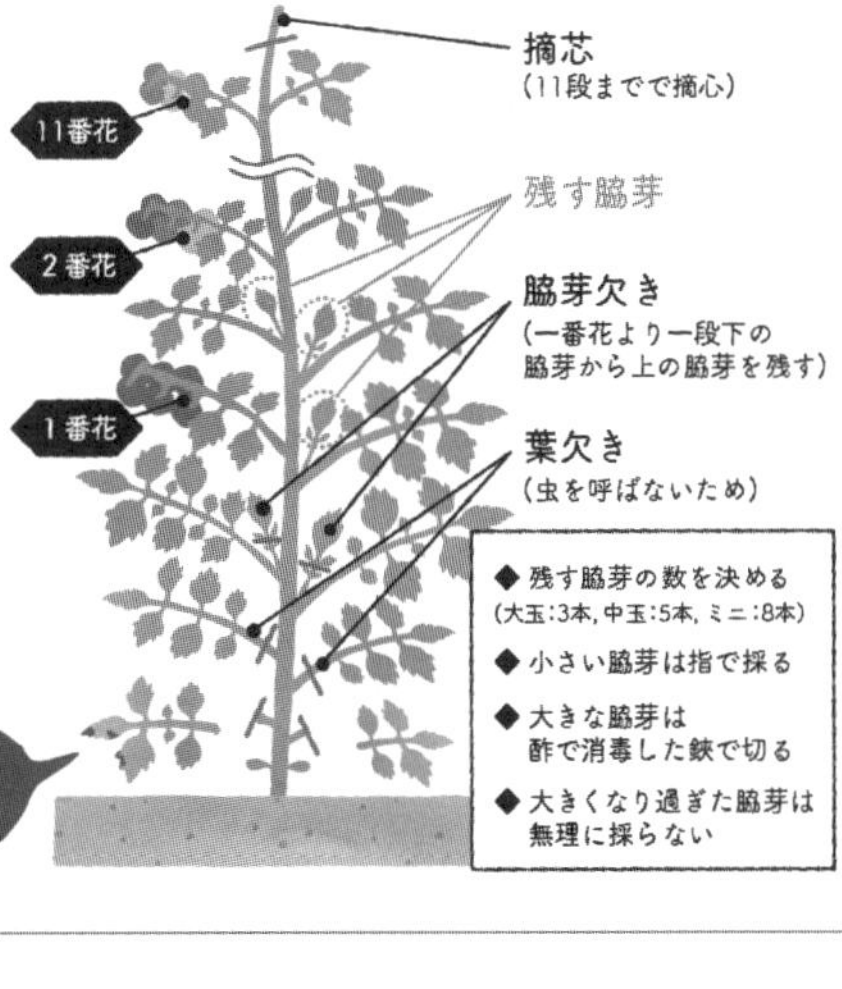
次の実を生らすため
役目が終わった葉を落とす
（黄色くなったら）

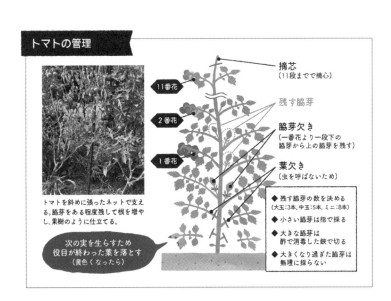

培では、トマトでも脇芽は何本か残していきます。大玉なら脇芽2本残して、主軸と合わせて3本立て、中玉トマトなら、脇芽を4本残して5本立て、小玉トマトなら、脇芽を7本残して8本立てにして育てます。脇芽がたくさん出てくると、トマトは倒れ始めますので、トマトの後ろ側に写真のようなネットを張って、支えます。トマトが倒れてきそうなら、このネットに縛るようにします。

脇芽をどこから残すかですが、通常、一番花、つまり最初に生る実の一つ下から出る脇芽から残します。それよりも下の葉や枝、脇芽は一切取ってしまって、スッキリとさせます。そして残した脇芽から順番に残すものを決め、目的の数の脇芽が出たら、後は欠いてしまいます。伸びた脇芽から、さらに脇芽が出ますが、それも取り除いて枝を整えていきます。ある程度の脇芽を残しているので、トマトは2mほどで生育が止まり始めますので、管理しやすいと思います。

トマトは下から葉が黄色く枯れ上がってきますので、黄色くなった葉は切り落としてしまいます。黄色い葉が残っていると、虫が来やすくなりますし、収穫忘れたトマトが多いと、それも虫食いの原因になりますので、早めに落として、日当たりと風通しを確保しながら、整理していきます。枝が暴れるようなら、必ずネットに麻ひもで縛ってください。枝が垂れ下がると、実が落ちやすくなります。

ちなみに、脇芽を欠くときは、小さいうちに手で千切ってください。大きくなった場合は、逆に手で取らず、鋏をアルコールや酢に浸してから、鋏で切ってください。その際、あまり根元で切らない方が安全です。切られたところから病気が発生しやすくなります。一株鋏で切ったら、必ず消毒してから、次の作業に入ってください。もし鋏に病原菌が付いてしまうと、全部が枯れてしまいます。農薬を使わない以上、慎重に作業を進めます。

ナス

ナスもトマトと同じナス科ですので、脇芽が出てくる野菜です。ナスは脇芽を全部取ってしまうと実がほとんど生らなくなりますので、必ず数本残して栽培します。

ナスは支柱で縛っていきますので、ネットは張りません。湿りの強い畝の真ん中に、60～80㎝間隔で苗を植えます。畝は湿っている方が良いので、20㎝ぐらいの低い畝が良いと思います。ナスは肥料食いと言われていますので、雑草堆肥を多めにすき込んでください。

苗が育って、最初に咲いた花から、下二つの脇芽を残します。それより下の脇芽や葉は落としてください。ここを落とすことで、茎がコルク状になり、カメムシにも強くなり、倒伏しにくくなります。

最初に咲いた花はあまり良い実ができませんし、早めに実を着けさせてしまうと、枝や茎の生長が遅くなります。植物は、身体を大きくする栄養生長と実を生らす生殖生長を繰り返していますが、生殖生長を小さいうちにさせてしまうと、身体が大きくなりませんので、まずは身体を大きくすることを優先します。そのため、最初の花は取ってください。

脇芽2本と主軸を伸ばしたら、後は全部で8本程度の枝が伸びるように残す脇芽を決め、8本、多くても10本になれば、あとは脇芽は落としてしまいます。二番目以降の実は太らせていきますが、最初の頃の実を太らせすぎると、後からの実が着きにくくなりますので、柔らかく小さいうちから収穫していき、全体で50本以上採ることを目指します。

なお、実が生って、枝が重

ナス、ピーマンの管理

ナスの管理

◆ 残すわき芽を決める

・一番花の下の二本と上数本残し
全部で8本ほどに

◆ 葉欠き

・一番花の下の葉を全部落とし、
茎をコルク状にして、虫に強くする

・黄色くなった葉は落とす

・実を収穫したら、その下の葉を
1枚落とし風通しを確保

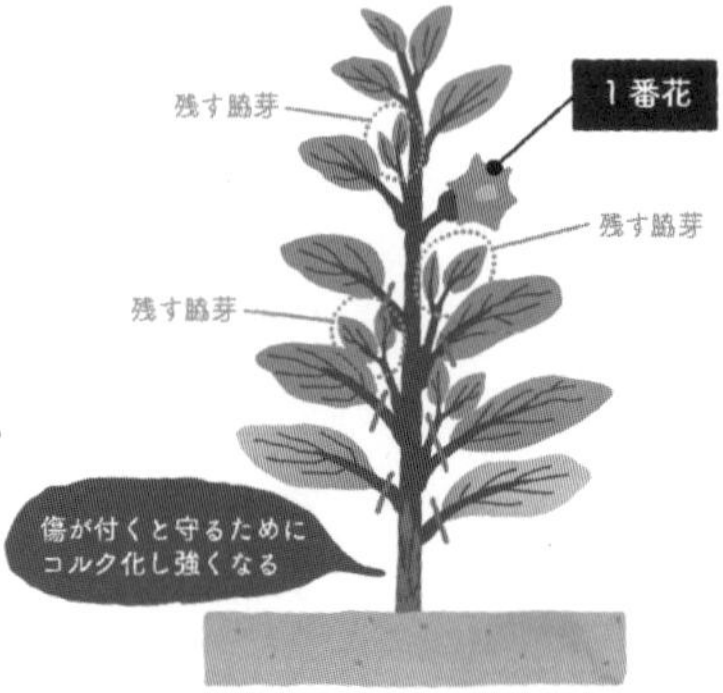

ピーマンの管理

◆ 地温を確保する

◆ 残すわき芽を決める

・一番花から上の脇芽は取らない

・一番花の下の葉と脇芽は落とす

◆ 葉欠き

・一番花の下の葉を全部落とし、
茎をコルク状にして、虫に強くする

・実を収穫したら、その下の葉を
1枚落とし風通しを確保

くなってくると垂れ下がってきます。枝が垂れ下がると、他の枝も伸びにくくなりますので、垂れてきたら、支柱を斜めに刺して、その支柱に枝を縛ってあげてください。ナスの枝は45度以上に立ててておかないと、生長が悪くなることがあるのです。また、葉も下から枯れ上がってきますので、必ず黄色い葉はおとして、風通しを良くしてください。黄色い葉は、植物が落とそうとしている証拠ですので、葉を減らす作業を、人が手伝ってあげるというわけです。

ナスは、水がないと育ちが悪く、実も硬くなり、大きくもなりませんので、もし灌水できる設備があるなら、気が付いた時に水やりをするといいと思います。特に花が咲いたころ、花の中にスリップスという虫が入り込み、ナスを傷つけてしまいますので、それを防ぐ意味でも、花に水をかけてください。霧吹きでも結構です。また、収穫忘れのナスや葉欠きが遅れると、カメムシが大量に付きますので、注意してください。

ピーマン

ピーマンはあまり難しい野菜ではありませんが、地温が高くないと、発芽もしにくく、生長も遅い野菜です。まずは地温確保が大事ですので、敷草や敷き藁などをして、地表面を守り、かつ雑草を抜いて、根元に光が当たるように工夫してください。青い草は地温を下げるので取り去り、枯れた草は地温を上げるので敷いておくという意味です。

ピーマンも支柱を一本立てて、倒れないように支えます。一番花が咲いたら、それより下の脇芽や葉は全部除去します。これも茎をコルク状にするためです。カメムシに対し強くなり、倒伏しにくくなります。

一番花より上の脇芽はすべて残して栽培していきます。一番花は除去するのはナスと同じです。ピーマンは管理の楽な野菜ではありますが、同じく枯れ上がってきた葉は欠いてしまってください。また、収穫したら、収穫した実の横にある葉を落として、光が入りやすくしてください。

キュウリ

ウリ科の中でも最も実が着きやすいのがキュウリです。キュウリは単為結果といい、受粉しなくても実を着けることができるからです。ある意味失敗の少ない野菜ですが、それでも、虫食いや高温に弱いので、しっかりとした管理が必要です。

ウリ科の苗は生長が速いので、苗を作らず直播でも作れますが、3月や4月ですと突然寒くなることもありますので、苗を作った方が安全です。しかし、ウリ科の苗は根が切れることに弱く、定植は慎重に行わなくてはなりません。また、ウリ科の根は空気を欲しがるため、あまり深くは植えられませんので、浅く植えるよう注意してください。キュウリは地這いキュウリではない限りは、トマトの時のようにネットを張り、そこを登らせていきます。キュウリは蔓を出すと、何か掴むものを探します。もし掴むものがないと、体力が尽きてしまい生長が止まりますので、必ずネットを張り、倒れるようなら誘引してください。

　苗を植えたら、たっぷりと水をやり、必ず行燈をしてください。行燈とは苗の周りに4本の棒を立て、高さ30cmほどの透明ビニールで囲ってしまう方法です。れは地温確保の意味と、風よけの意味があります。風よけをしないと、根を浅く植えているために折れやすくなるからです。また、苗が小さい時にウリハムシに

キュウリ、ズッキーニ、カボチャの管理

キュウリの管理

- 子蔓を整理する
  4節までは子蔓を除去
  それ以降は残す
  実を収穫したら葉を落とす
- 2m超えたら親蔓を摘芯する
- 4節までは実も落とす

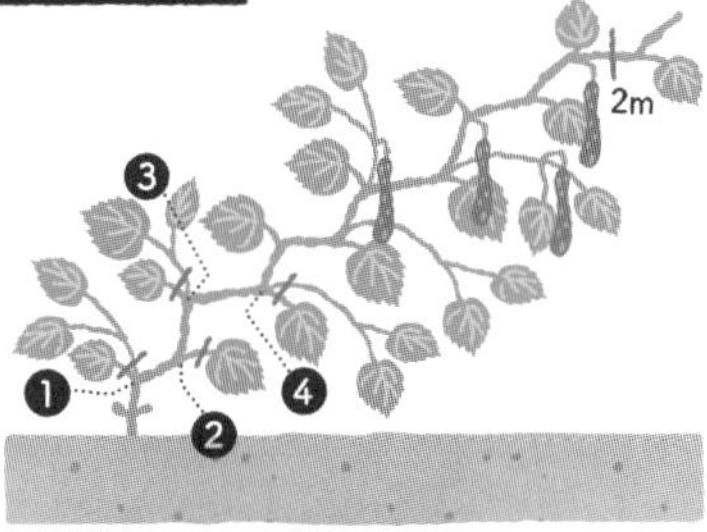

ズッキーニの管理

- 花が落ちたり、収穫したら下葉を除去
- うどん粉病になったら、葉を落とす

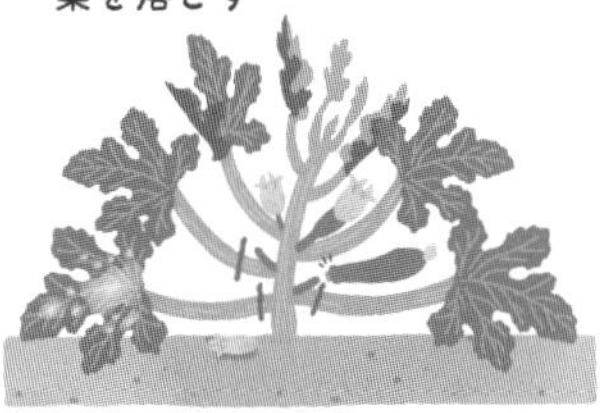

カボチャの管理

- 雄花と雌花で人工授粉
- 子蔓が4本しっかり育ったら、親蔓を摘芯

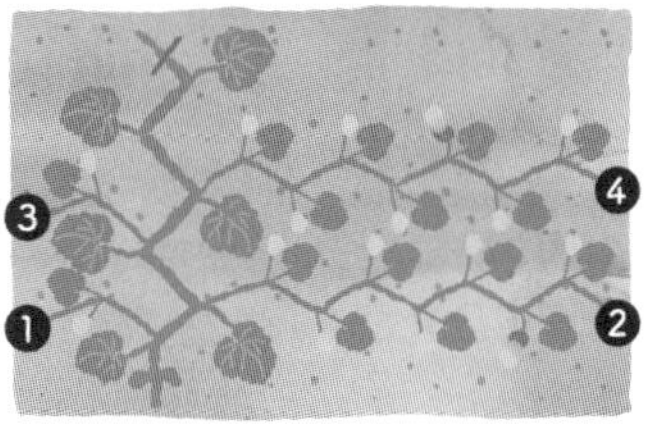

食害されると枯れてしまいます。ウリハムシは、平行に飛んで着地する虫ですので、行燈があると、キュウリの苗に着地できなくなるのです。

キュウリは育ってくると、トマトで言う脇芽のような子蔓が出てきます。子蔓も親蔓と同じように伸びてキュウリを生らしますので、子蔓も一緒に育てますが、トマトなどと同じように、地際近くの子蔓は伸ばしません。下の子蔓を伸ばすと、栄養分散が大きくなり、全体の生長が悪くなりますので、下から4節目、だいたい20～30㎝のところの子蔓や葉は除去してください。それ以降は伸ばしていきます。また低い位置にできたキュウリは形が悪くなりますし、ナスと同じく、栄養成長が進まずに生殖成長優位になってしまいますので、雌花が咲いたら取ってしまいます。

キュウリは、雌花と雄花が別々に咲きます。受粉しなくても実が着きますので、放っておいていいわけですが、雄花ばかりが咲き、雌花が咲かない場合は、雄花をある程度まで除去します。雌花は根元に小さなキュウリができていますので見分けがつきますから、雄花は最大7つ残るようにして、下の方から除去していってください。キュウリはあっという間に収穫タイミングが来ますので、生りはじめたら、どんどん収穫してください。採れば採るほど実がたくさん着きます。これはキュウリが種を残せないという危機感を感じるからでしょう。

キュウリも2mを超えてきた蔓は先端を切って、生長を止めます。これはあまり栄養成長を進めても、実が生りにくくなるので、長さを長くするよりも、他の子蔓に栄養が回るように調整するためです。

ズッキーニ

ズッキーニは、キュウリと同じように苗を作り、浅く植え、行燈をして育てます。行燈は本葉が10枚出たら取り去ります。ズッキーニはとても大きくなる野菜ですので、株と株の間は1ｍ以上空けます。

ズッキーニも雌花と雄花が別々に咲きますが、雄花ばかりが咲いて、雌花がなかなか咲かないということがあります。特にリン酸不足の土壌で起きやすい現象です。その場合は、キュウリと同じく、雄花の数を減らしていきます。雄花を減らす時や、雄花が枯れてしまったら、必ず、雄花の根元から出ている葉も一緒に切り落とします。一枚の大きな葉の根元から雄花が咲いているはずです。それを見つけて、雄花を落としたら、葉も一緒に落とします。

ズッキーニは、キュウリと違って、雌花がしっかりと受粉しないと実が腐っていきますので、雄花と雌花が同時に咲くタイミングを見つけて、人工的に授粉してあげた方がうまくいきます。朝7時頃に花が咲きますので、そのタイミングで畑に行き、咲いている雄花を見つけ、花を摘み、中の雄しべを取り出して、咲いている雌しべにくっつけます。この際しっかりと万遍なく花粉を着けてください。雌花が咲いている株とは別の株の雄花の方が受粉しやすい性質を持っていますので、ズッキーニは1本ではなく複数本作る方がいいと思います。

根元からどんどん伸びていく性質を持つズッキーニは、根元の方から葉をどんどん切り落としていきます。雄花や雌花が落ちた葉は出来るだけ落とすことで、風通しも良くなり、受粉もしやすくなります。葉欠きをしないと、中に埋もれた実は腐りやすくなります。また、実を収穫したら、その実の根元から出ている葉も欠いてしまってください。

カボチャ

カボチャの伸び方はキュウリと同じです。根元から親蔓が伸び、途中から子蔓が伸びていきます。これもキュウリと同じく、根元に近い子蔓は除去します。ある程度親蔓が伸びてくると、子蔓が出てきます。もし、子蔓が4本伸びているのが確認できたら、親蔓の先端を切って生長を止めてしまいます。そうすると、伸びた4本の子蔓に実が生り始めます。

カボチャも雌花と雄花は別に咲き、受粉しないと実を着けませんので、人工授粉をする方が確実です。これも、複数株作る方がいいと思います。

カボチャの蔓もどこかに巻きついて伸びていきますので、必ず掴むものを用意します。敷き藁とか、あるいは雑草でも良いと思います。

キャベツ

キャベツは春蒔き、夏蒔き、冬蒔きとあります。春蒔きは夏に食べるキャベツ、夏蒔きは秋に食べるキャベツ、冬蒔きは春に食べるキャベツになります。ここでは、夏蒔きのキャベツの説明になります。

夏に蒔くキャベツも苗を作ります。キャベツがなかなか巻かないという話をよく聞きますが、それは種を蒔く時期が遅いためで、遅れると春キャベツになってしまいます。冬前に巻いたキャベツを作ろうと思うと、10月に入るまでに、本葉を15枚ほど出しておかなくてはなりません。本葉が少ないと、キャベツはロゼットと呼ばれるすべての葉を、開いた形で冬を越そうとしてしまうのです。15枚ほど葉があると、開くのではなく、閉じて冬を越そうとするので、巻くわけです。

化学肥料を使って急いで作れば、葉の出方が速いので巻くのですが、無肥料ではそうもいきませんので、早めに苗を作る必要があります。また、窒素が少ないと葉は出来にくいので、窒素吸収が良くなるように、雑草堆肥と、多めの草木灰を撒いておく必要もあります。草木灰のカルシウムが窒素吸収を助けるわけです。

苗を作るときは、まだ暑い時期ですので、畑に直接蒔くと、キャベツが熱で枯れてしまうことがあります。また、夏は虫も多いので、虫食いで消えてしまうこともありますので、必ず苗を作ってから畑に植えます。苗を作るときには、温度管理が必要ですので、暑くならないように、昼間は一番暑い時間帯の11～14時までの3時間ぐらい、日陰になるよう工夫します。また、モンシロチョウが来て、その幼虫のアオムシが苗を食べてしまいますので、虫食いネットなどで守りながら苗を作ります。

本葉が5枚出たら、畑に定植します。その後は虫食いから守るというのが仕事になります。虫食いネットをかけておけば、虫食いは少ないですが、かけていない場合は、アオムシにやられます。その際、本葉が巻き始める前であれば、アオムシは除去しますが、巻き始めたら、アオムシは全滅させずに、外の葉に移動させます。アオムシがいなくなるとヨトウムシの被害が始まり、ヨトウムシの被害は甚大です。アオムシがいる間は、ヨトウムシもあまり来ませんので、アオムシを外葉に残しておくことも必要です。

ブロッコリー

ブロッコリーは、キャベツと大きくは変わりませんが、苗を植えるときは、キャベツよりも深めに植えてください。また、ブロッコリーは花芽ですので、秋に花芽を出すためには、早めに苗を作り、キャベツ同様、10月には本葉を10枚以上出しておく必要があります。後は、鳥の被害が出やすいので、虫よけネットはかけておいた方がいいと思います。

白菜

白菜は、とても生長が速い植物です。9月に入ってからでも間に合う可能性がありますので、直播きでも栽培することができます。苗を作る場合は、8月に種を蒔きますが、しっかりと巻いた白菜にするためには、やはり10月には本葉を15枚出しておく必要がありますので、雑草堆肥と多めの草木灰をすき込みます。こうしたアブラナ科は、土を酸性にしてしまう性質を持っているので、草木灰は多めにすき込んでも構いません。

もし白菜が巻かないようならば、麻ひもなどで縛ることで、巻き癖が付きます。また、縛ることで内側が光合成できなくなって、柔らかい状態を保てますし、冬の冷たい霜からも守ることができます。こうした巻く野菜は、早め早めの作業で乗り切ってください。

大根

大根も難しい野菜ではありません。大根は、土の中に、空気だまりや、大きな石、肥料だまりなどがあると二股に分かれていきますので、土を細かく砕くように耕しておきます。大根を大きく育てたければ、耕す深さを深くします。耕したところまでは柔らかく、その下は土が硬くなりますので、硬いところに水が溜まるようになります。直根が伸びていき、水に当たると根の伸びが止まりますので、耕した深さまで大根が伸びるということになります。

大根の種は鞘の中に入っており、３～４粒入っていますので、３粒蒔いておくのがいいと思います。ある程度育ってきたら、二つを間引いて一本にします。間引き菜として食べられるぐらいの大きさになってから間引けばよいと思います。

大根は収穫時期が難しい野菜です。早いと小さいですし、遅いと中に空洞ができます。目安としては、一番大きな外側の葉を切り取り、葉の中に空洞がないかを確認します。葉に空洞があると、大根にも空洞がある可能性があるので、早めに収穫してください。

ホウレンソウ

ホウレンソウの種は殻の中にあり、水分吸収が難しいので、一晩水に漬けます。また、ホウレンソウは温度が低くなると発芽する性質を持っていますので、冷蔵庫に入れておけば、発芽は早いと思います。

シュウ酸の多い野菜ですので、生育中にカルシウムを多く使います。畝に草木灰をすき込んでから、種を蒔いてください。種は３㎝間隔で、筋に蒔いていくといいともいます。途中間引きをしながら、適当な大きさまで育てます。

小松菜

小松菜は虫食いの激しい野菜ですので、虫食いネットをかけて栽培します。小松菜は種がたくさん着くことから、たくさんの種を蒔くと生長が良くなりますので、筋蒔きで良いので、密集して蒔きます。そして適宜間引きをしながら、育ててください。もし間引きをする時間がない場合は、ばら蒔きにすると良いと思います。ばら蒔きすると、小松菜が勝手に、生長する小松菜と、生長しない小松菜を分けてくれます。もともと、そういう遺伝子をもっているからでしょう。

ニンジン

最後にニンジンですが、ニンジンは、自家採種した場合は芽吹きがいいのですが、購入した種は、種の周りの毛が取られてしまっているので、芽が出にくくなっています。毛があると絡まって機械では蒔きにくいので、そのように加工しているわけですが、加工されている場合は、筋蒔きで蒔いた後、必ず足で強く踏んでください。踏まないと芽吹きが悪くなります。また、雨があまり降りそうもない場合は、灌水してください。

後は間引きしていけばいいだけですが、間引きするときは、葉が触れ合う程度の間隔になるように行ってください。葉と葉が離れすぎてしまうと、競争意識が薄れて、生長が少し遅くなってしまうのです。

第6章

自家採種について

自家採種は可能なのか

昨今、種の権利について、SNSを中心に色々な情報が飛び交っています。特に種子法廃止や種苗法改正により、自家採種が禁止されるのではないだろうかという情報です。僕のような自家採種を基本とする農業の場合は、これは特に気になる情報です。そんなこともあり、色々と調べていくうちに、『種は誰のものか？』という本の出版にまで発展しました。詳しくは、その本を読んでいただければと思うのですが、本書では無肥料栽培を実現するためには自家採種が大切であるという点にも触れておきたいので、最後に、種の権利について書いてみようと思います。

なお、自家採種の方法に関しては、『無肥料栽培を実現する本』に記載していますので、そちらを参考にしてください。また、僕が運営しているシードバンク『たねのがっこう』でも、『種採りの本』という小さな本を出していますので、お買い求めください。

さて、実際のところ、無肥料栽培をしていると、自家採種した種が強いということを実感します。これは強いだけではなく、味が変わっていくということでもあります。中には美味しくなくなってしまうものもありますし、逆に、自分好みの味に変わることもあります。おそらく、気温が高く雨の少ない地域で採種されている種が、日本という高温多湿の雨の多い国で芽吹き、環境を知り、少しずつ味を変化させてきているのではないかと考えています。その国の動物たちに実を食べてもらわなければならないわけですから、その国の動物の味覚にあった実に変わっていくということもあります。それが、種が持っている凄い潜在能力であり、遺伝子に刻まれていく情報なわけです。

無肥料の畑には、十分なミネラルがない場合もありますし、その種が採種された場所よりも、微生物が多く、種類も違っているかもしれません。その環境で命を繋いでいくためには、種は環境を記憶し、無肥料でも育つ種へと変化します。買ってきた種だと、初年度はうまく育たないことがあります。それは、例えば東京のど真

種子に関する法律

主要農作物種子法

➡ 2018年4月廃止

県に対し、米、麦、大豆の種子を維持管理し、新品種を開発する義務を課す法律
県により奨励品種が定められている。

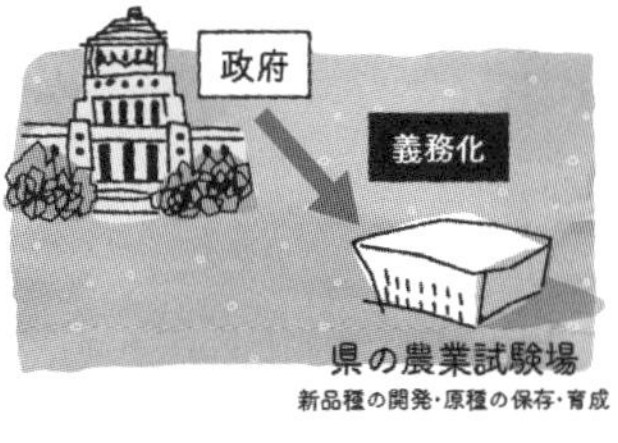

種苗法

➡ 改正議論

開発した新品種の種子の育成者権を定めた法律
企業や個人が開発した新品種の種子で、明らかに他と異なる形質が認められる場合、新品種として登録することで、育成者権を占有することができる。

ん中で生まれた子供を、アマゾンの奥地で生きていけと言っているようなものだからです。

だからこそ、僕らは自家採種をします。自家採種をすれば、最初は難しかった栽培も、どんどん簡単になっていくものです。これは決して絵空事ではありません。しかし、昨今は、この自家採種自体が禁止されるという動きがありますし、そのような動きがありますし、本当にそうなってしまったら、僕らの農業は立ち行かなくなるかもしれません。だからこそ、是非種について関心を持って欲しいのです。

ただ、間違った情報で踊らされるのは困ります。自家採種自体を自主規制してしまわないよう、少し正確に情報を整理してみる必要があります。

主要農作物種子法

この法律が２０１８年4月に廃止されて以来、自家採種禁止という話が浮上してきました。確かに自家採種禁止の動きにはつながってはいるのですが、正しく理解すると、そのつながりは直接的なものではないことが分かります。

主要農作物種子法というのは、行政法であり、コメ、麦、大豆の種子の開発、保存を行政に義務付けている法律です。１９５２年に作られた法律であり、戦後復興の中で、主食の種子を国が守る必要性を感じて作られた法律です。この法律により、日本のコメ、麦、大豆の種子の開発は、県の管轄となり、県の試験場で行われるようになりました。それまでは、民間が行っていましたが、戦後の混乱期でしたので、行政が行うことで、途切れることなく続いたわけです。

しかし、主食の種子が守れたという反面、デメリットもありました。それは、農協がすべてのコメ、麦、大豆の種子や収穫物の流通を担うようになってしまったということです。農協は大きな組織ですから、ある意味安定したわけですが、残念ながら、民間の企業がそこに割って入るのが難しい状況が出来上がったしまったわけです。

県は、県の試験場で開発したコメの品種を奨励品種とすることで、農家にこの品種を栽培することを、ある意味強制しました。命令したわけではなく、奨励品種を栽培すると、コメの値段が高くなるので、おのずとそういう流れになってしまったということです。その品種に関しては、農協が一手に引き受けます、もし民間がその品種を自家採種して売ろうとしても、もうそれが奨励品種であるという保証はなくなりますので、農協経由では販売できず、販売したとしても、品種名は名乗れず、値段が安くなってしまいます。

そんなこともあり、戦後のこの法律により農協一社寡占状態になっていたわけですが、当然それに対して、不公平であるとクレームをつける者が現れます。それがアメリカという国です。Tpp12の交渉中に、アメリカが持ち出したのが、種子法が貿易障壁になるという点です。民間同士の平等な競争ができないということで、農業競争力強化支援法が平成29年に成立し、さらには平成30年に主要農作物種子法を廃止し、アメリカを含む、多国籍企業や日本の企業に、主要農作物の種子販売の世界に門戸を開いたわけです。

ある意味、農協独占が緩和されたわけですが、結局、多国籍企業がコメなどの種子の販売を強化すると、企業は利益獲得のために、自家採種を禁止し、種子の値段も高くするということになります。今までは税金で行ってきたために、あえて自家採種禁止とは言われていませんでしたが、企業の私財で行うわけですから、自家採種を禁止する契約を結んでから販売するということになります。つまりはこれが、自家採種禁止になると騒がれた理由なのです。

よくよく考えてみれば、自家採種を禁止する種子を買わなければ良いだけです。自家採種可能なコメ、麦、大豆の種子はたくさんありますので、その種子で栽培し、自家採種を続ければよいというだけです。あまり恐れる必要はありません。

種苗法

主要農作物種子法よりも、こちらの種苗法の方が問題です。この法律は、新しい品種を開発した企業や個人に与えられる、育成者権という権利を規定したものです。新しい品種を開発した場合、当然、費用がかかってますから、企業は経費の回収と利益を求めます。簡単に競合他社に同じ種を作られては困ります。

そこで、新しい品種を開発した企業は、農林水産省に申請し、新しい品種であること、つまり今までにない形質を持っていた場合は、登録品種として認めてもらい、その後25年間は、この種子に関しての独占的販売権を有することができます。これが種苗法で決められた育成者権です。

この育成者権に関して誤解がありますが、自家採種を禁止しているわけではありません。あくまでも、この種子を増殖して販売する、あるいは譲渡することを禁じているということです。正当な手続きをもって種子を購入した者は、その種子を自家採種して、翌年の作付に使用することを、種苗法では認めています。自家採種して作った野菜を販売することも違法ではありません。つまり、国内においては、令和1年現在では、自家採種は禁止されていないのです。ただし、栄養繁殖、つまりクローン栽培に関しては、多くの品種で禁止されています。種子で増やすのではなく、茎や根や葉などで増やす方法においては禁止されているもの数多くあります。

さて、とはいえ、自家採種、もう少し正確にいうと種子繁殖は禁止されていませんので、自家採種をして、自分で使う分には問題ありません。また、あくまでも品種登録された種子だけの話で、そもそも品種登録されていない種子に関しては、どのように扱っても問題はありません。事実、品種登録されている種子は、一般市場ではそれほど多くはありません。大規模、中規模農業では結構使われていますが、小規模農業や家庭菜園では、あまり使われていないようです。ですので、今のところ、それほど心配する必要はありません。

ですが、もう一つ問題があります。実は、種苗法は国内法であり、海外には通用しません。そこで、日本の品種登録された品種が海外に持ち出されてしまうと、取り締まることはできなくなります。実際、イチゴなどでそのような事がおきているわけで、それでは困るということで、日本はUPOV条約というのを締結しています。「植物の新品種の保護に関する国際条約」というもので、日本で品種登録された種子を海外に持ち出すことを禁止する条約です。

この条約を締結したことで、実は不都合が起きました。それは、種苗法では自家採種を禁止していないのにも関わらず、UPOV条約内では、品種登録された種子の自家採種を禁止しているからです。この条約と国内法の乖離は問題であるということで、アメリカやEU諸国では、

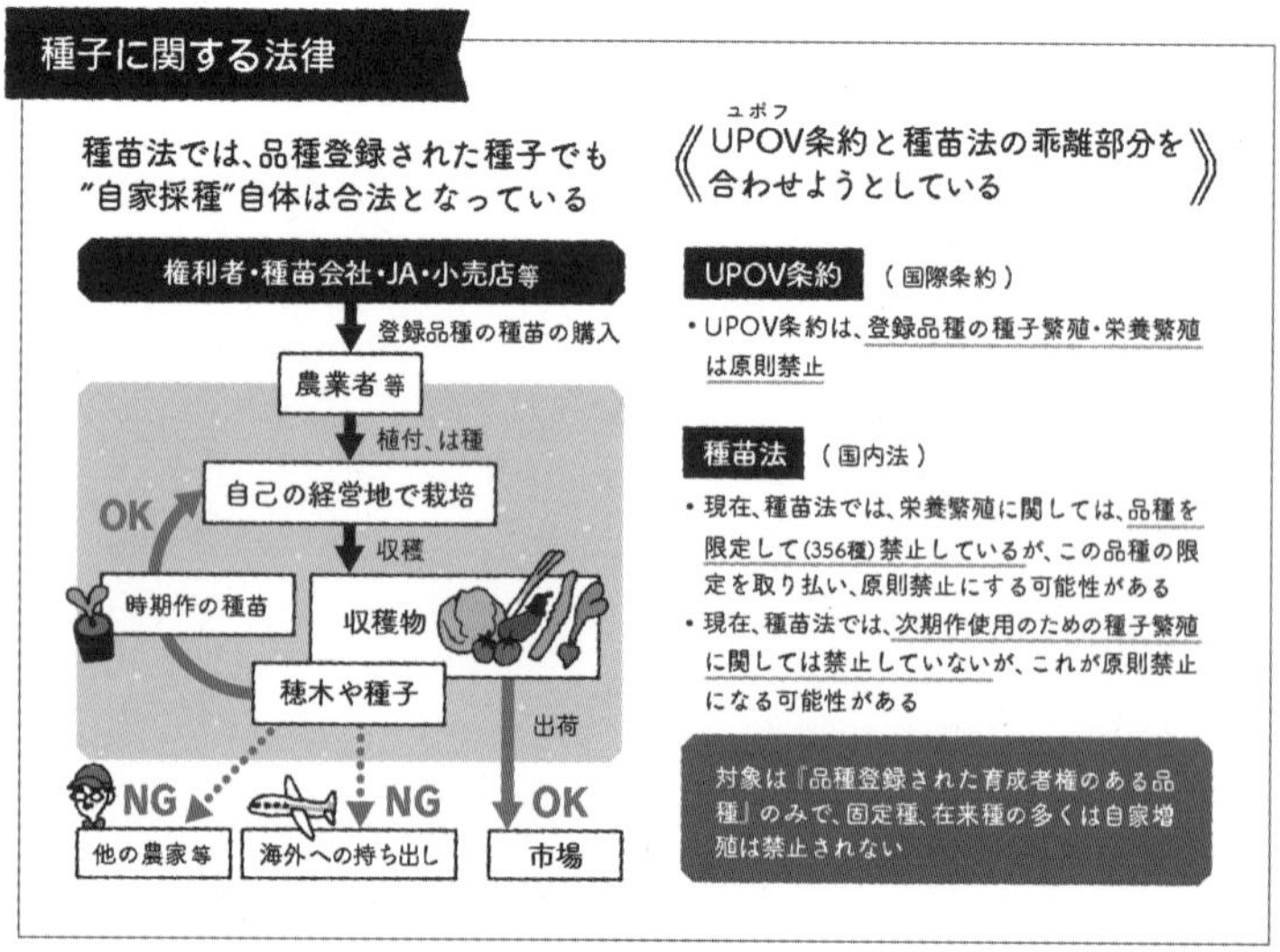

種子に関する法律
種苗法では、品種登録された種子でも
"自家採種"自体は合法となっている
権利者・種苗会社・JA・小売店等
登録品種の種苗の購入
農業者等
植付、は種
自己の経営地で栽培
OK
収穫
時期作の種苗
収穫物
穂木や種子
出荷
NG
NG
OK
他の農家等
海外への持ち出し
市場
《UPOV《ユポフ》条約と種苗法の乖離部分を
合わせようとしている》
UPOV条約 （国際条約）
・UPOV条約は、登録品種の種子繁殖・栄養繁殖は原則禁止
種苗法 （国内法）
・現在、種苗法では、栄養繁殖に関しては、品種を限定して(356種)禁止しているが、この品種の限定を取り払い、原則禁止にする可能性がある
・現在、種苗法では、次期作使用のための種子繁殖に関しては禁止していないが、これが原則禁止になる可能性がある
対象は『品種登録された育成者権のある品種』のみで、固定種、在来種の多くは自家増殖は禁止されない

国内法でも品種登録された種子の自家採種は禁止する方向に動きました。そこで、日本も追随しようということになったわけです。

もし、日本も種苗法をＵＰＯＶ条約に合わせるということになれば、品種登録された種子の自家採種は禁止されます。そうなってしまうと、多くの品種で品種登録が行われ、自家採種を合法的に禁止する方向に向かうことは間違いありません。自家採種禁止が当たり前になってしまうと、その範囲がどんどん広がっていかないとも限らないわけです。

ただし、何度も言いますが、令和1年現在では、品種登録された種子でも自家採種は可能です。種子の販売、譲渡は禁止されますが、採種は可能です。また、品種登録されていない種子、多くの在来種になりますが、これらの自家採種は自由です。ですので、どんどん自家採種し、自分の畑に合った種子を生み出してください。無肥料栽培を実現するための第一歩は自家採種と言っても過言ではありません。恐れず、自主規制せず、種子を取り、保管してください。もし万が一、一切の自家採種を禁止するとなっても、今採種した種子の権利は誰のものでもありませんので、自由に採種し続けることができるのですから。

がんばる無肥料栽培の農家さんたちへ

前作『無肥料栽培を実現する本』が出版されて以来、この本を多くの人たちが読んでくれました。本当にありがたいことです。世の中には、「大変だ、大事件だ」という脅かしの本や「あなたも知らない」的なネガティブな本が多く、良く売れているようですが、そんな中で、この本を選んでくれた人たちには感謝しかありません。

そんな読者の中には、農家さんもたくさんいました。無肥料栽培を目指したものの、どうしたら上手くいくのかがわからず、暗中模索しているときに、この前作の本に出会い、何かしらのヒントになったという、うれしい連絡をたくさんもらいました。この本だけで、すべてが解決するわけではありませんが、ヒントはたくさん隠されていると思います。それは、僕が無肥料栽培で苦労し、あるいは成功してきた20年間の歴史が詰まっているからだと自負しています。

実はＳＮＳにこんな記事を書きました。

《僕の農業収入の20年の歴史》

「無肥料栽培で食べていけますか?」

これから農業を志す人なら、それが一番知りたいところだと思う。分からないでもない。もちろん、食べては行ける。食べ物を作ってるのだから(笑)。

だが、無肥料の農業を始めて3年目ぐらいから、食べていけないのでは?という不安に苛まれ始める。この場合の「食べる」は「稼ぐ」という意味。

残念ながら、その質問への正確な答えは持ち合わせてはいない。その人のモチベーションの問題であるから。なので、僕の農業収入の歴史を正直に書いてみる事にする。

40歳になった時、プランター栽培をしていた。これは単に、食材づくりを体験したいというのが目的であったから、農業収入を目指したわけではない。

その後、畑を借りて栽培を始めるが、初年度は良く採れた。多分、残肥というやつだろう。以前にその畑を使っていた人が施した肥料の残りだ。無肥料を始めて、すぐに上手く行く人は、大概はこのパターンだ。

もしくは長く耕作が放棄された畑の特権という場合もある。草や根が何度も枯れて土が作られているので、葉や茎は良く育つ。だが、その割には、収量は少ない。本人は、どのくらい採れるものなのかの基準がないので、採れてないことに気づいていない。

僕の場合は前者だった。4年目に入ってからは、苗が育たず、収量も激減するが、これらの事を連作障害だと思い込む。そして新たな畑でやり直す。やり直すと、またまた初年度特権で良く育つので、本当の原因に気付かない。

だから、随分と働いてはいたが、収入はとても少なかった。この収入が少ない事を、野菜が安いから食べていけないんだと思い込み、本当の理由を切り捨てていた。

調べてみると、例えばプロの肥料栽培などの場合、茄子一株で100個は採る。一個100円で売れば、一株で1万円。だが、土作りをしない農業だと、同じ作業量で50個も採れない。下手すれば20個以下。

それらの野菜は直売所やマルシェで売っていた。だが、直売所は価格競争であり、定年退職したお年寄りとはとても勝負ができずに、3年で手を引いた。当時は売り上げが年間20〜80万円強という悲惨さ。

やがて、収量が少ないんだということに気付き、土作りに励むようになり、少ない株数でそれなりの収穫ができるようになって、宅配ボックスとレストランの卸を始めた。

宅配ボックスを始めて、農業収入は増え始めたが、今度は体力がついていかない。これだけの数の野菜を揃え、梱包して発送するのは並大抵の事ではない。これも結局数年で力尽きた。

その後、レストラン卸と契約栽培を始めようとするが、無肥料無農薬が祟って契約が守れそうもなく、すぐに諦めて穀物の栽培に向かう。穀物は安定的に収穫できた。野菜の栽培に慣れていたので、穀物の栽培の楽な事。肥料など与えなくてもそこそこできるし、病気や虫食いに悩まされる事も少ない。

だが、穀物は安く、収入は増えそうもない。なので、加工品を作ることを考える。加工品は日持ちするので、随分と助かったが、これもまた体力的な限界がくる。穀物を栽培し、加工品にしてと、結局、2倍の仕事量になっただけ。

やがて、パンを売り始める。パンを作るのは別の人だったので、これが一番上手くいった。僕は小麦を栽培し、それをパンにして売ってくれる。売り上げから収入を得るので、これがサラリーマン並みの安定した収入となった。

これも最初はマルシェで3年売り、固定店舗で3年売ったが、だんだん自分がやりたかった事とかけ離れてきた。なんだか毎日が苦しい。もしかして、やりたくないのではないかと気付いて、パン屋からは手を引いた。

そして今、自分のビジネスに必要な栽培だけをしている。そう、結局、野菜や穀物作りは目的ではなく、手段であるべきだと気付いたのである。自分が何をやりたいかという事をしっかりと考え、それを実現するためにはどうしたら良いかという視点が大事なのである。

野菜や穀物作りを目的とする一次産業であるならば、真摯に土と向かい合わなくてはならない。そのためには、売る方法とか、着飾る方法とかを考えるよりも、技術を磨く事だ。そうすれば食べていける。

それがビジネス目的ならば、栽培は手段であるべきである。つまり、目的とは切り離さなくてはならない。その割り切りができれば、食べていけると、僕は思う。

恥ずかしながら、これが僕の農業収入の20年の歴史である。

僕は、食べものを作るということを、経済社会から切り離したいと思っています。食べものは命をつなげるものです。これにお金というものが絡み合うと、人は食べ物を換金作物としか見なくなり、どうしたら成功するか、どうしたらお金が稼げるかという方向に思考が向いてしまいます。

しかし、無肥料栽培というのは、命を生み出す仕事です。農作業に妥協を許さず、じっくりと命と向き合う時間を持って欲しいのです。

多くの無肥料栽培の農家が苦しむのを見たくはありません。食えない食えないといって、悩む姿を見たくはないです。だから、僕は、頑張る無肥料栽培の農家さんたちに、伝えたいことがあります。

それは、みなさんの一つ一つの頑張りが、多くの人たちの命を長らえているという自負を持って欲しいということです。確かに大きなお金にはなりません。でも大きなお金になったところで、それを使うために、経済社会にどっぷりと浸かることになります。搾取の激しい企業へお金をつぎ込んで、何が楽しいのでしょうか。たとえお金が稼げなくても、少なくとも、みなさんの頑張りは、誰かの命になっているのです。それを誇りに持って欲しいのです。

どんなに苦しくたって、食べものは手元にあるじゃないですか。食べものがあれば、人は生きて行けるんです。きっと、みなさんの作る野菜や穀物で命が長らえた人たちから、お金には換えられない感謝の言葉として、みなさんに届くはずです。それが何よりもの、売上だと僕は思うのです。

いつか、やっていて良かったと思える日が来ます。今やっていることは決して無駄ではありません。理想を捨てずに、無肥料無農薬栽培を続けてください。それが、僕がこの本を世に出す、最大の目的なのです。

岡本よりたか

新装版　続無肥料栽培を実現する本

2021年9月28日　第1刷発行
2022年5月12日　第2刷発行

著　　者　岡本よりたか
発 行 人　伊藤邦子
発 行 所　笑がお書房
〒168-0082東京都杉並区久我山3-27-7-101
TEL03-5941-3126
https://egao-shobo.amebaownd.com/

発 売 所　株式会社メディアパル（共同出版者・流通責任者）
〒162-8710東京都新宿区東五軒町6-24
TEL03-5261-1171

デザイン　市川事務所
イラスト　yoshiko（カバー、本文）
写真・イラスト　オカモトデザイン（本文）

印刷製本　中央精版印刷株式会社

●お問合せについて
本書の内容について電話でのお問合せには応じられません。予めご了承ください。
ご質問などございましたら、往復はがきか切手を貼付した返信用封筒を同封のうえ、発行所までお送りください。

定価はカバーに表示しています。
ISBN978-4-8021-3286-2　C0077

＊本書は『続無肥料栽培を実現する本』（マガジンランド2019年12月刊）を新装復刊したものです。